图书在版编目(CIP)数据

室内设计师. 48，文化空间 / 《室内设计师》编委会编 .—北京：中国建筑工业出版社，2014.7
ISBN 978-7-112-17106-4

Ⅰ. ①室… Ⅱ. ①室… Ⅲ. ①室内装饰设计－丛刊
Ⅳ. ① TU238-55

中国版本图书馆 CIP 数据核字 (2014) 第 161136 号

室内设计师 48
文化空间
《室内设计师》编委会 编
电子邮箱：ider2006@qq.com
网 址：http://www.idzoom.com

中国建筑工业出版社出版、发行（北京西郊百万庄）
各地新华书店、建筑书店 经销
上海雅昌彩色印刷有限公司 制版、印刷

开本：965 × 1270 毫米 1/16 印张：11½ 字数：460 千字
2014 年 7 月第一版 2014 年 7 月第一次印刷
定价：40.00 元
ISBN978 - 7 - 112 - 17106 - 4
（25887）

目录

# CONTENTS

# VOL. 48

Art Basel

|Bas

|Hong

幕墙

# 香港巴塞尔大展

撰　文 | 王受之
图片提供 | MCH Messe Schweiz(Basel)

今年5月份我到香港看巴塞尔艺术大展(Art Basel, Hong Kong)。走进香港会展中心，宏大的艺术展占了一层、三层：三个馆，几百家画廊一字摆开，颇为壮观，估计是整个远东最宏大的当代艺术展了。

早年国内没有什么艺术大展，唯一例外就是全国美展。一国之大，看美术全貌就只有靠这个在北京中国美术馆举办的大展览。1966年，文化大革命爆发，破四旧立四新，美展代表的主流审美是封、资、修，肯定被关闭。这样，之后轰轰烈烈的六年时间里，人们能够看到的艺术品就是毛主席像以及红卫兵的木刻版画与漫画。1972年后，国内出现一点点松弛迹象，主管艺术的新机关国务院文化组说每年都要举办一个全国美展。自此到1976年末文革结束，共举办了四次全国美展，展出的7000多件作品，观众达780多万人次。四次展览我都去看过，作品是“高、大、全”、“红、光、亮”，体现的是“无产阶级的英雄形象，革命的新生事物，社会主义革命，社会主义建设的伟大胜利之美”。

当代艺术在最近几十年非常活跃，艺术市

Troika Galeria 展区中的 OMR 作品

场也发展得很快，但是能够集中了解、观看、收藏、交易国际当代艺术品的场所却非常有限。全世界两个最重要的双年展：威尼斯双年展与巴西圣保罗双年展，隔年一次举办。然而，每年举办一次的就是巴塞尔大展，估计在艺术大展方面，能够具有国际影响力且每年举办一次的只有它。

三个大展中，威尼斯双年展历史最悠久，1895 年开始，之后才是意大利人索布林霍（Francisco Matarazzo Sobrinho）受威尼斯双年展启发，于 1951 年在圣保罗举办第一届双年展（The Bienal International de San Paulo）巴塞尔大展则开始于 1970 年代，。自此，三展鼎立，其他林林总总，影响力都不及它们。巴塞尔艺术大展的起点是由德国城市巴塞尔的“巴塞尔画廊”协会（Basel Gallerists）推动，这个协会包括布鲁克奈（Trudi Bruckner）、巴尔兹·希尔特（Balz Hilt）和恩斯特·贝耶乐（Ernst Beyeler）等人在内的一群现当代艺术经纪人，开始只在巴塞尔当地举办，到第三年展览，参观人数就达到 3 万人，而参展画廊更是超过 280 多个。当时，德国杜塞多夫、科隆等地也在举办各种当代艺术大展，然而巴塞尔大展主办方从不考虑参与，一直坚持自己独立经营，至今，成为欧洲影响力最大的艺术展。

考虑到美国市场巨大，在老总监萨穆尔·凯勒（Samuel Keller）主持下，2001 年巴塞尔大展开始在迈阿密海滩（Miami Beach）举办。之后，2011 年，随着大展的主要控股企业瑞士展览公司［MCH Swiss Exhibition（Basel）Ltd.］，收购了亚洲艺术展览公司（Asian Art Fairs Ltd.）60% 的股份。2013 年 5 月份，第一届香港巴塞尔艺术展就此诞生。

巴塞尔大展令我好奇的地方，是他们如何遴选画廊参展。世界上经营现代当代艺术的画廊很多，他们都希望能够参加在巴塞尔、迈阿密海滩、香港举办的巴塞尔大展，因此，遴选委员会怎么选择，往往反映了当代艺术圈对于进行时中的当代艺术的态度。比如说，我在十多年前看巴塞尔的巴塞尔大展时，装置、概念艺术、行为艺术占了大约三分之一，有几届的比例甚至要更多一些。但是，去年和今年的香港巴塞尔大展上，绘画性作品超过 90%，这样，是不是可以说“绘画性”在当代艺术中有回归的趋势呢？

今年看展览，我分两天去，第一天有人陪同，要应酬的人多，第二天是自己看，虽然一路上还是有人打招呼、要照相，但是刻意躲避，还是看得很仔细，感触很多。

这类大型画展，摊位的位置很重要，占据入口位置，再推出有冲击力的艺术家，是一种最常见的手法。今年香港巴塞尔大展分了三个厅，二楼大厅是主展厅，旁边一个 VIP 厅是供收藏者参观的，书画、陶瓷、珠宝展品较多，而一楼则是比较不那么重要的画廊、新人、新作的展示场所，所以三楼主厅是非常重要的战场。入口是德国的 Neugerriemschneider 画廊，放了 1970 年代已经成为前卫艺术家的谷文达的装置作品。摊位比较大，还推三、四个风格迥异的艺术家。主入口还有几个国内的画廊，一家北京的，一家武汉的，激光刻皮影、剪纸形式再层层叠合，或者用线条繁复地做描绘组合。北京来的画廊在主要位置有几个，作品除了上面提到的这类具有探索性的之外，多见传统构成主义、抽象表现主义的风格，这些风格早在半个世纪以前已经被探索得很彻底了，因此一路看过去，感觉平淡，虽然摊位庞大，作品提不起力，还是弱得很。入口通道上的巨大装置出自韩国艺术家 Yeesookyung，作品用一堆金线青瓷碎片堆砌而成，另一件出自中国艺术家沈少明，好像刚刚坠地的卫星碎片。现场看热闹的人不少，但是更多的人是坐在旁边椅子上休息，装置艺术无论怎么奇特也难吸引人的注意，好像“9·11”事件之后，行为艺术基本就没有什么戏唱了。

赵无极、朱德群的作品在市场上一直非常受欢迎，法国获得法兰西学院院士称号的华人艺术家也就他们两个，均出自杭州国立艺专、林风眠的弟子。抗战期间杭州艺专和北平艺专等几家学院合并内迁，成立了在北碚的国立艺术院，内有美术和音乐院，我父亲王义平在音乐院教书，和赵无极成了朋友。他给我讲早年用甲骨文形式画的抽象画，非常喜欢。战后赵无极迁居法国，作品日益抽象，而朱德群也走抽象绘画之路，两个人异曲同工，获得国际声誉。这次有三、四个画廊展出他们的作品，尺寸比较小。去年，我看见赵无极的几张大画都在拍卖会上高价拍出，恐怕以后要见到也不容易了。赵无极晚年在瑞士住，瑞士时期的作品外界看到的很少，这一次马勃洛（Marlborough）画廊展出他四张 2005 年画的抽象水彩，看起来鲜艳、欢乐，哪里像一位垂危老人的作品啊！

说看画展捡漏，印度、东南亚的作品经常给我这种冲动，因为他们中间的确有好作品，又从来不怎么引起主流市场的重视。印度年年参展的新德里画廊，带来了几个印度现代主义大师非常精彩的作品。印度虽然落后，但是精英文化却一直存在，他们也经历了西方主要的现代艺术运动，从立体主义、表现主义、抽象表现主义到构成主义，有如艺术家胡赛因（Husain）、索扎（Souza）、赫伯尔（Hebbar）都是很杰出的，作品也很精彩，却少有人注意，真是遗憾。究其原因，一是没有通过西方主流的几个大画廊和艺术评论家的淘洗和推介，总是处在一种自己卖自己的被动地位，而印度本国的市场也比中国小得多，况且艺术品没有承担洗钱的超级任务，因而显得很冷寂了。

看完两天的展览，走出香港会展中心，有朋友问我感受，我想了想，说大概有这么几点：第一，国际当代艺术还没有在中国这个庞大市场中找到真正的认识、了解、定位，而中国自己的当代艺术，虽然在国内市场有天价支持，除了极为少数几个艺术家之外，基本在国际当代艺术中也没有自己足够的份额，呈现出各自游戏的情况。其二，从 2013 到 2014 两年的香港巴塞尔大展来看，国际当代艺术市场中绘画性的回归已经成了定局，但是国际走的绘画性道路，与我们国内最注重的写实性绘画并不是同类，而更多是和战前的表现主义结合，而我们是从来没有经历过表现主义。第三，由于中国当代艺术有一个奇特的功能，最近的反贪倡廉运动，把这个功能挤压出来，从而造成今年这个画展好像业绩下降了一些。其实，我感觉是回到了艺术展的正常运作水平而已。END

Galerie Eigen and Art 画廊作品

# 文化空间：浮华退散后

撰文 | 伏天

文化空间其实是一个非常泛的概念，举凡展览建筑、影剧院、图书馆、体育馆、宗教建筑、教育建筑乃至各种活动中心，都可以包涵在内。每年国内外新涌现出来的所谓文化空间项目，数量决然不能说不多，但细究起来，这些大大小小、形式各异的“文化”空间，真正能称得上承载文化的，怕是要百里挑一。

说到承载文化，那么，不可避免地要厘清何谓“文化”。如果说文化空间是一个泛概念，那文化的概念则更要百倍千倍的广泛、复杂、模糊。在“度娘”给出的“文化”一词定义中如是说：“笼统地说，文化是一种社会现象，是人们长期创造形成的产物，同时又是一种历史现象，是社会历史的积淀物。确切地说，文化是凝结在物质之中又游离于物质之外，能够被传承的国家或民族的历史、地理、风土人情、传统习俗、生活方式、文学艺术、行为规范、思维方式、价值观念等，是人类之间进行交流的普遍认可的一种能够传承的意识形态。”这里面，有一句话值得设计人注意——“凝结在物质之中又游离于物质之外”。

之所以这样说，是有感于当前国内设计界一个不甚美好的现状，即对于文化的“物化”。比较拙劣的，有直接将建筑做成茶壶、酒瓶状号称展现茶、酒文化；稍微高明的，打造各种狂炫酷霸拽的异形体空间，标榜“高技”、“后现代”、“未来感”，而无视场地环境功能因素……这种物化的文化表达在室内设计中则更加普遍，对装饰、去装饰两极分化的误读和滥用、对物象符号的滥用几乎随处可见，让人不禁要联想起宋代词人张炎评另一位著名词家吴文英的话——“如七宝楼台，眩人眼目，碎拆下来，不成片段”。

空间是物质性和精神性的结合体，但其基础是物质，文化也好，或者所谓空间气质也好，都需要通过物质手段来呈现。如何将玄虚奥妙的文化具象化在一个建筑空间中？许多设计师选择了过度物化这样一种不尽如人意的做法，也是有其深远的历史原因和复杂的现实原因。一百年来，华夏文明经历了数次重大冲击和断裂，社会的持续安定和发展，不过才保持了30多年。社会的急躁和虚浮，需要时间消褪。从“1960代”到“1990代”的设计师们，其实也还大多挣扎于文化寻根和重塑信念的漩涡中。底气不够，堆物件来凑，要改变必须经历时间的洗礼、人文的重建以及个人的成长与积淀。

而媒体同样需要成长与反思。视觉效果对于空间而言，仅仅是体验的一部分；而对于求存于“读图时代”的大部分设计类媒体而言，视觉效果几乎就是全部。于是，很多感人的空间，因为没能变成精致唯美的图片，而未得到充分的肯定和推介；而很多看上去很美的空间，实景与实景图的差别堪比身份证照与艺术照。如何讲述空间的故事，或许是有追求的媒体人可以努力的方向。

今时今日，中国社会的整体诉求正在缓慢而坚定地由物质层面向精神层面转移。不难推断，空间设计中媚俗苍白的物质手段也会越来越难以满足使用者。浮华退散后，能愉悦人身心的，当是云在青天，月在波心，变幻万端，但无不自然庄严。END

# Sancaklar 清真寺

# SANCAKLAR MOSQUE

| | |
|---|---|
| 撰　文 | 伏天 |
| 摄　影 | Thomas Mayer,Cemal Emden |
| 资料提供 | Emre Arolat Architects |

| | |
|---|---|
| 地　点 | 土耳其伊斯坦布尔 |
| 面　积 | 700m$^2$ |
| 设　计 | Emre Arolat Architects(EAA) |
| 设计时间 | 2011年 |
| 竣工时间 | 2012年 |

Sancaklar 清真寺位于土耳其伊斯坦布尔市郊 Buyukçekmece 区的一个社区内，这是全球首座地下清真寺。该项目由土耳其知名设计机构 Emre Arolat 建筑师事务所设计，独出心裁地与当前设计界流行的基于形式的论调拉开距离，而只专注于宗教空间的精髓，旨在解决设计一个清真寺所要面对的根本问题。他们的巧思得到了设计界的认可与赞赏，这座清真寺的设计荣获了 2013 年世界建筑节宗教建筑类大奖。

土耳其人约有 99% 为穆斯林，他们大多是逊尼派。土耳其有数千清真寺，其中最著名的是蓝色清真寺，蓝色的内墙装饰成为这座清真寺的标志。Sancaklar 清真寺所在的区域是一片开阔的草原，被一条繁忙的公路跟周围的市郊高级社区隔开。该地区的穆夫提（意为“教法解说人”，伊斯兰教教职称谓）Mehmet Narin 指出：“这一地区到处都是别墅，但却没有清真寺。”竣工后的 Sancaklar 清真寺可为 650 多人提供礼拜场地，弥补了该地区清真寺缺乏所造成的空白。

高高的围墙环绕，将清真寺位于地上部分的庭院围合成一个对外开放的景致优美的公园，同时也将喧嚣的外部世界和气氛静谧的公园区隔得界限分明。长长的出檐从公园中伸展出来，成为从外面看过来唯一能见到的建筑元素。建筑主体位于檐廊下，可以沿着穿过公园、进入地上庭院的小径走进来。建筑体完全与地形地势融合在一起，当来访者穿越草原景观，走下小丘，步入高墙之内并最终进入清真寺，外面的世界逐渐被抛在身后。

©Cemal Emden

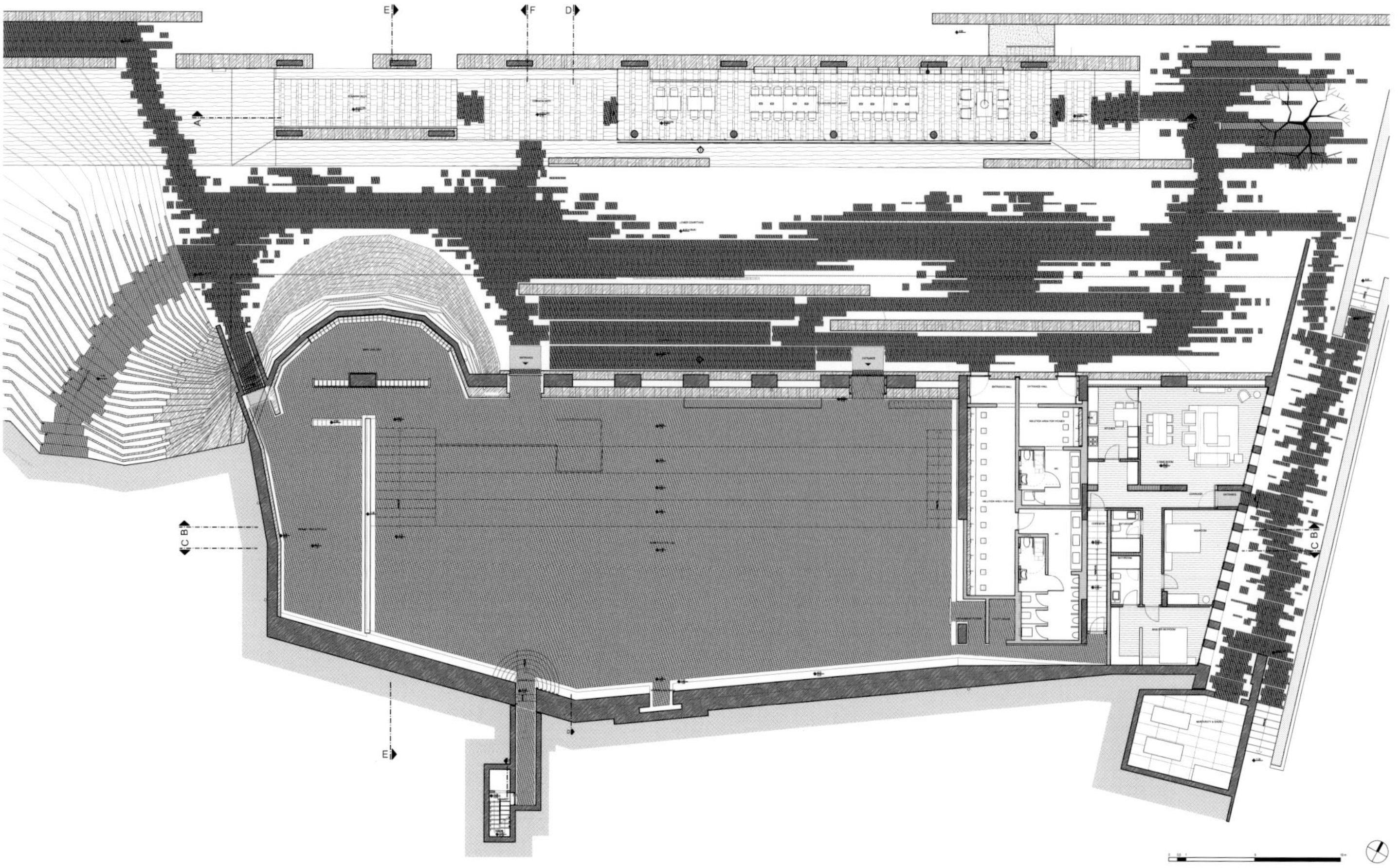

“清真寺是沉思和祈祷的场所。”Mehmet Narin 如是说。这也是设计所着重思考的地方。清真寺的内部是一个非常简单的、如洞穴一样的空间，充满了戏剧性，令人敬畏，同时也富于启发思考的气氛。人们可以在这里祈祷，与神独处。空间的设计灵感源于伊斯兰教先知穆罕默德获得天启的希拉山洞。希拉山洞是伊斯兰圣迹，位于沙特阿拉伯王国麦加城近郊光明山腰，为一狭窄石灰岩自然凹洞。相传，公元 610 年，40 岁的伊斯兰先知穆罕默德在此山洞静修时，天使吉卜利勒将安拉的启示传达给了穆罕默德，后被整理成《古兰经》流传至今。狭长的裂隙和开口被置于 Qiblah 墙上。Qiblah 意为“朝向”，是指地球上各地朝着卡阿巴天房的方向。“卡阿巴(Ka'aba)”字义为立方形建筑物，是指麦加城中用石块和灰泥建成的立方建筑，各地穆斯林每日五次的拜功全是向着天房举行。这样的设计强调了祈祷空间的方向性，并将日光过滤进大殿，为心灵静修营造氛围。

整个项目一直在调节着人造和天然之间的张力。构成檐廊的跨度超过 6m 的薄钢筋混凝土楼板与顺着地势坡度铺展开来的天然石材楼梯之间形成呼应和对照，不着痕迹地加强了二者间的关联。END

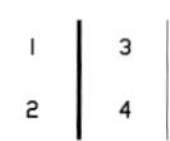


1 平面图

2 远景

3-4 建筑体完全与地形地势融合在一起，当来访者穿越草原景观，走下小丘，步入高墙之内并最终进入清真寺，外面的世界逐渐被抛在身后

©Cemal Emden

©Thomas Mayer

©Cemal Emden

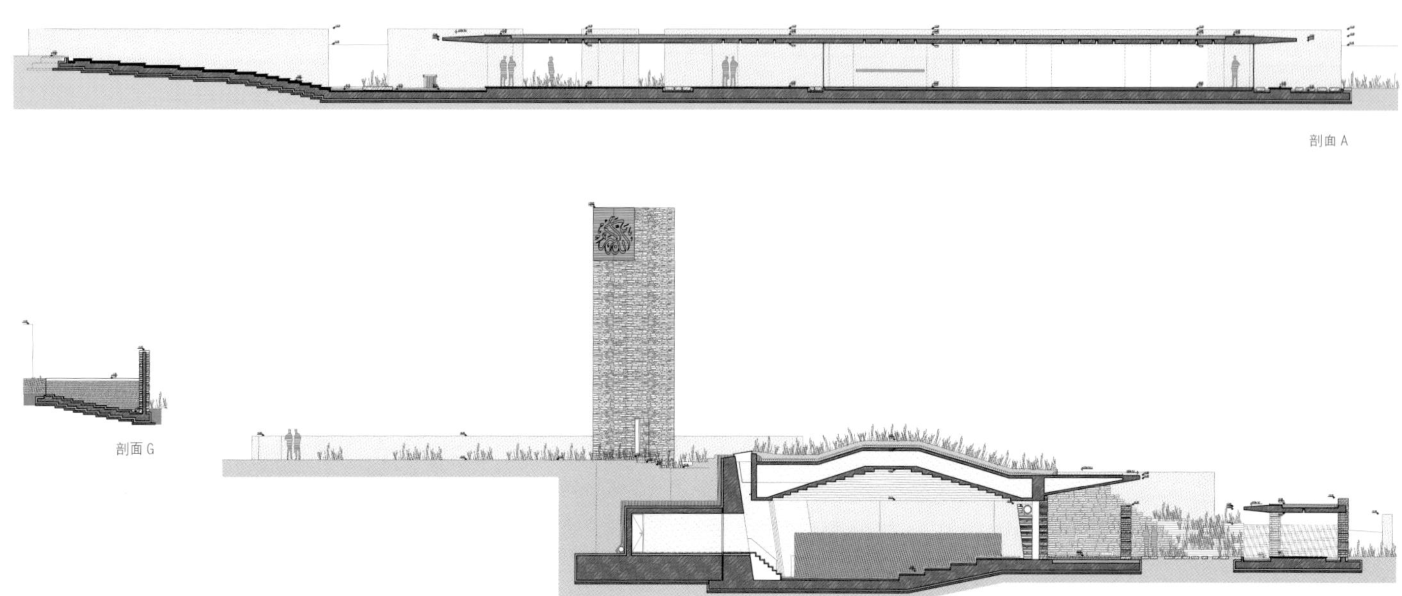

剖面 A

剖面 G

剖面 F

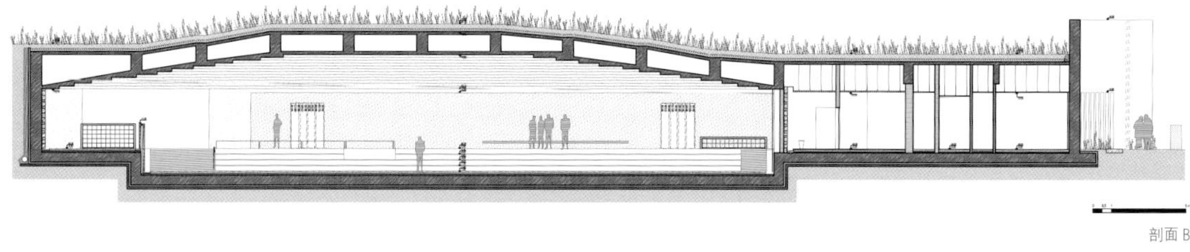

剖面 B

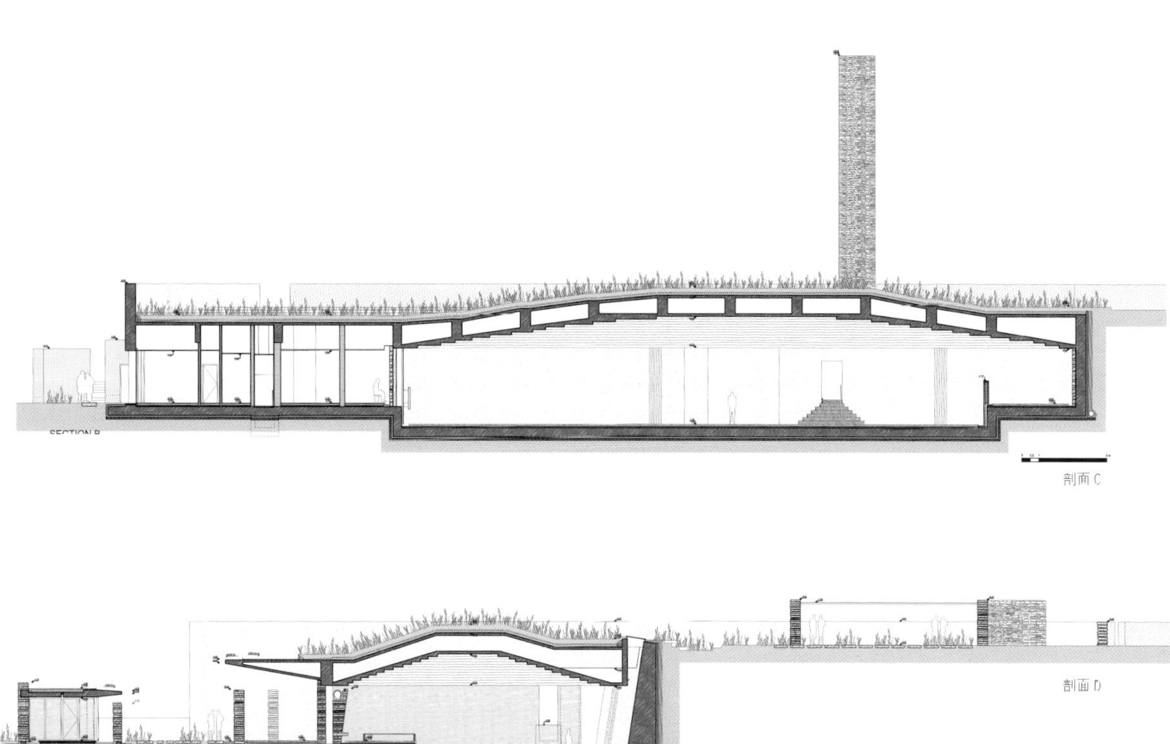

剖面 C

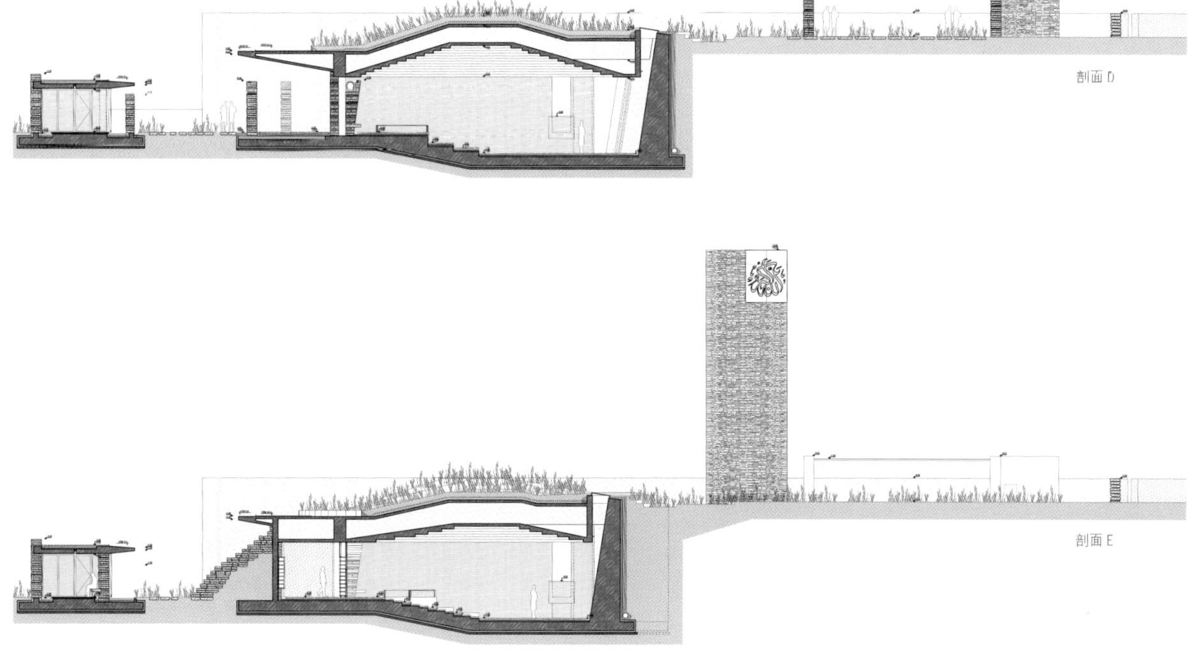

剖面 D

剖面 E

©Cemal Emden

©Thomas Mayer

| 1 | 4 |
|---|---|
| 2 3 | 5 |

**1-2** 静谧优美的地上庭院
**3-5** 立面局部

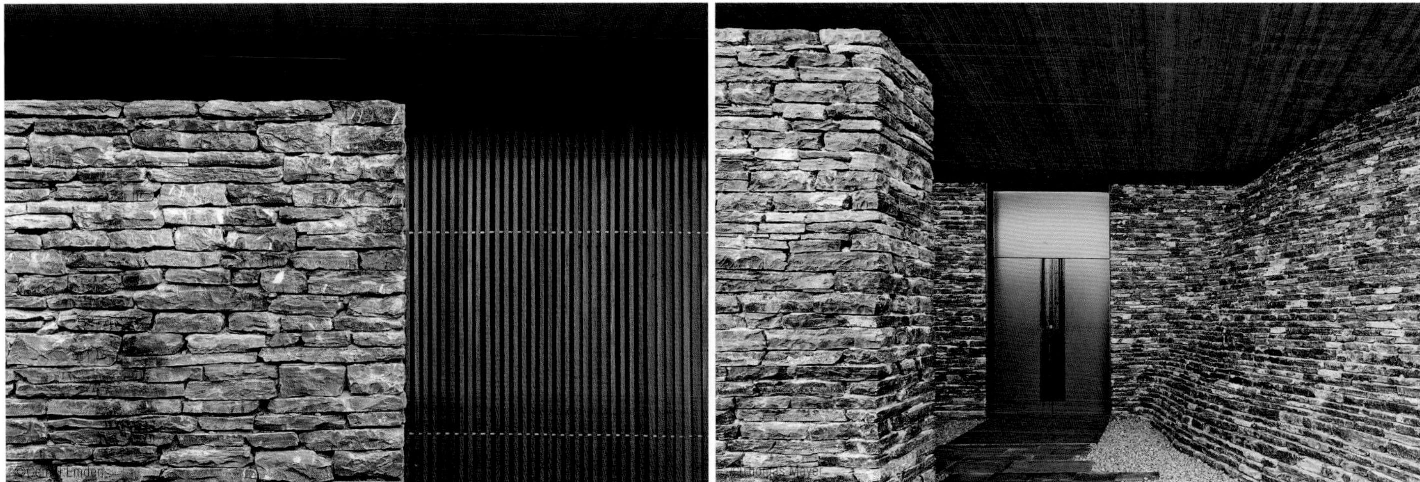

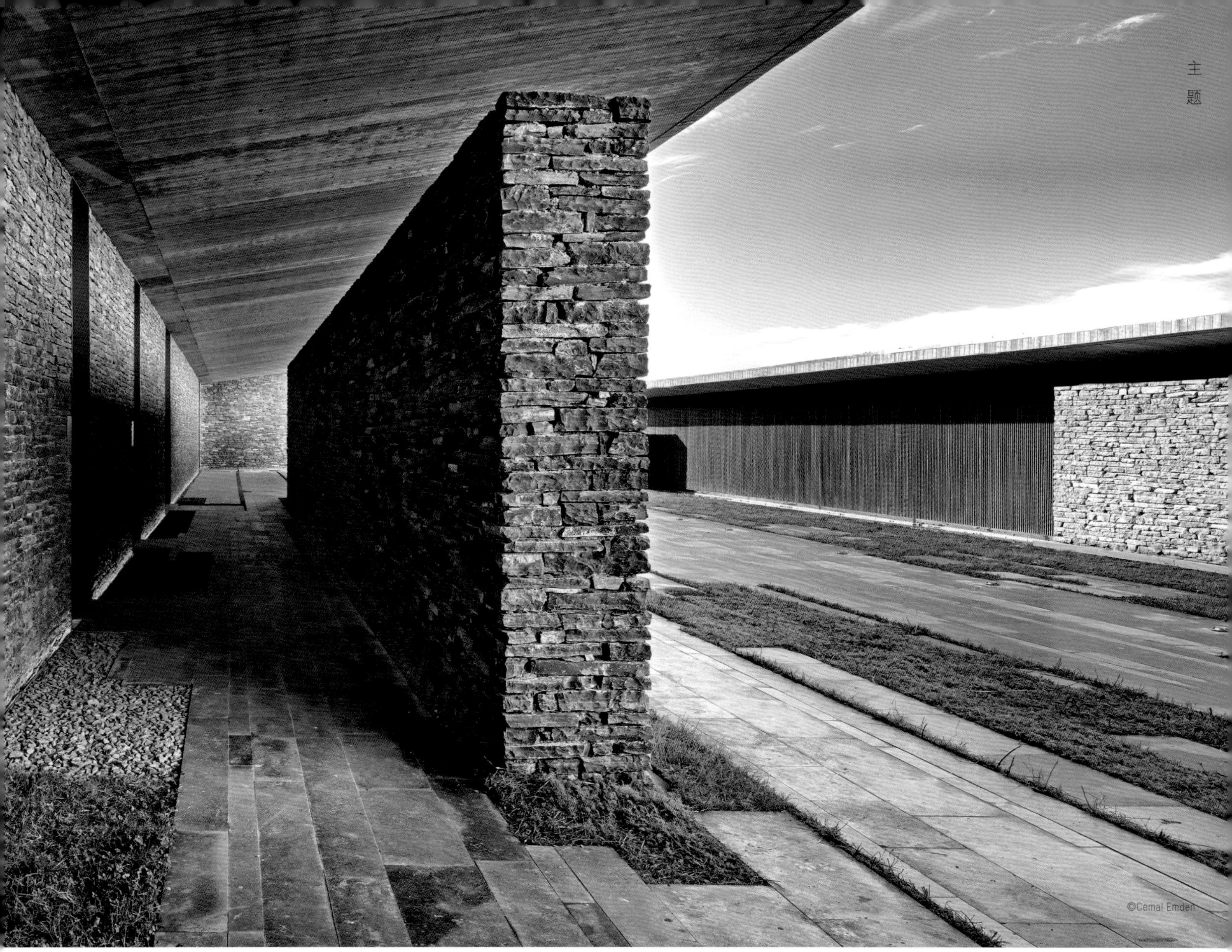
©Cemal Emden

©Thomas Mayer

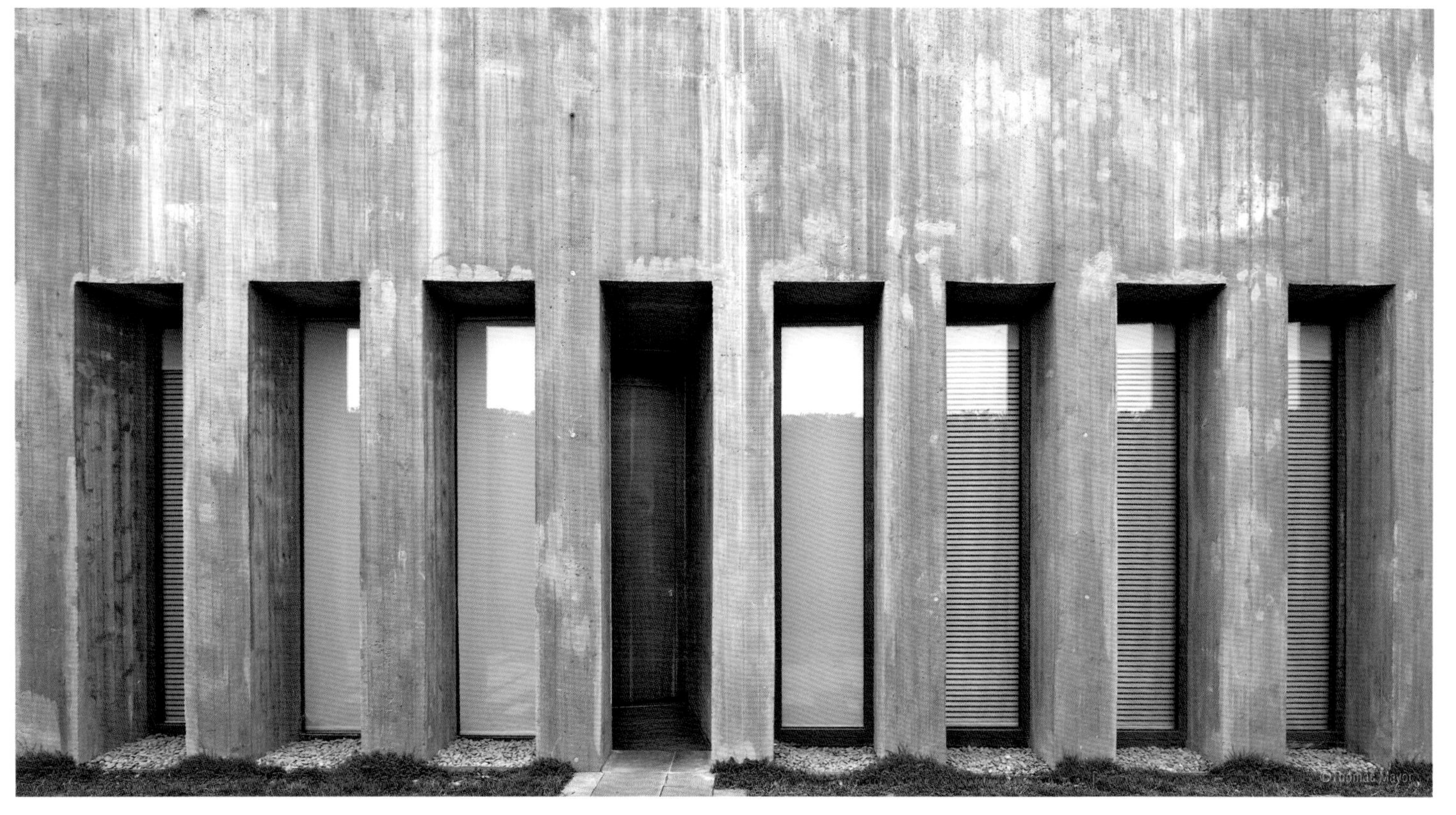

©Cemal Emden

1
2 3

**1-3** 清真寺的内部是一个非常简单的、如洞穴一样的空间，充满了戏剧性，同时也富于启发思考的气氛，人们可以在这里祈祷，与神独处

©Thomas Mayer

| 1 2 | 5 |
|---|---|
| 3 4 | 6 |

**1-4** 室内空间细部
**5** 讲道台的设计强调出庄严与神秘之感
**6** 狭长的裂隙和开口被置于 Qiblah 墙上

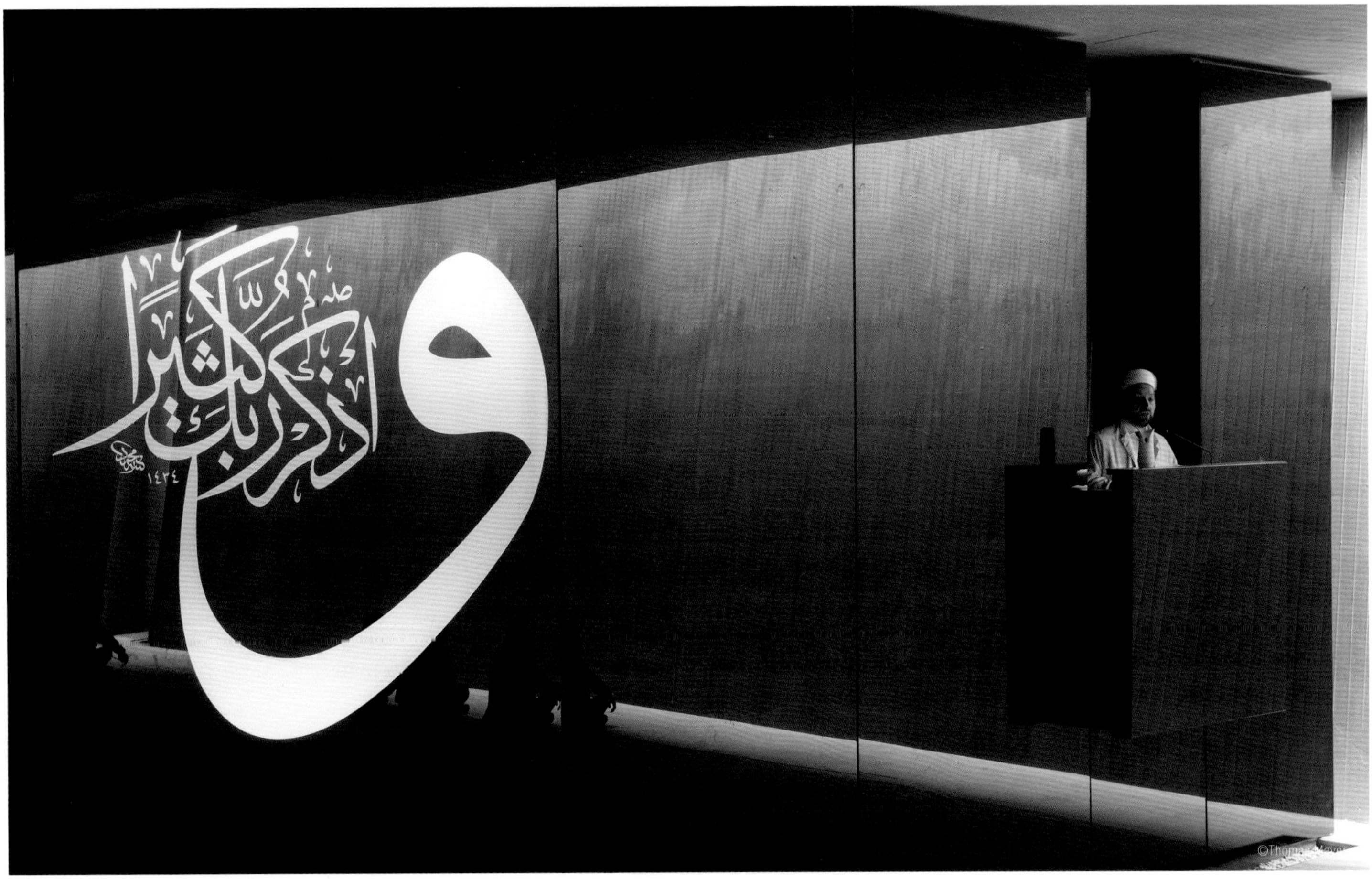
واذكر ربك كثيرا
١٤٣٤
©Thomas Mayer

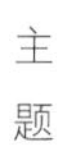

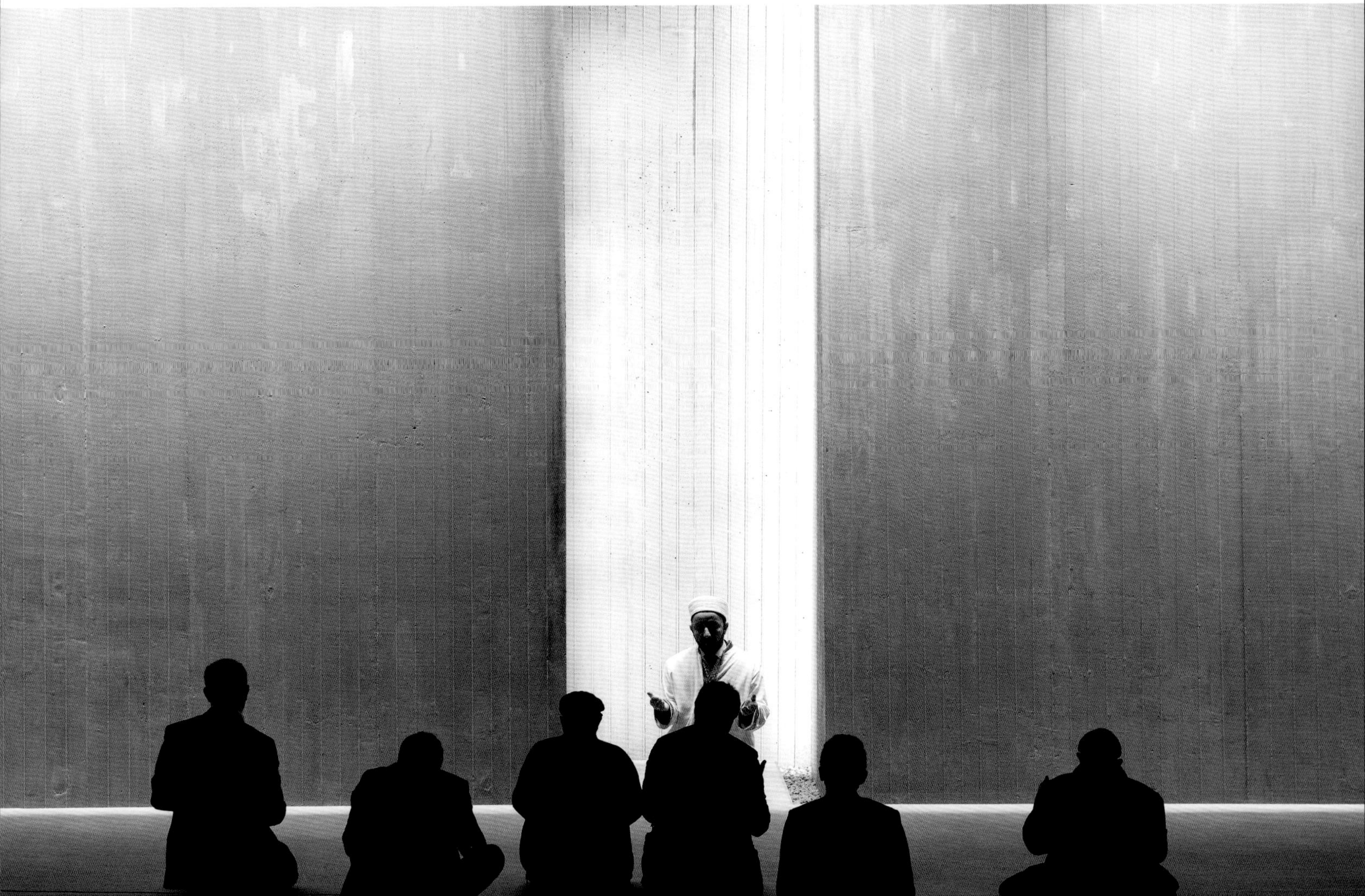

# 丹麦国家海事博物馆
# DANISH NATIONAL MARITIME MUSEUM

撰　文 | 银时
摄　影 | luca santiago mora, Rasmus Hjortshøj, Thijs Wolzak
资料提供 | BIG

地　点 | 丹麦Helsingør
面　积 | 6 500m²
设　计 | BIG
合作设计 | ALECTIA（客户顾问），Kossmann.dejong（展陈设计），Rambøll（建造，水暖电设备），Freddy Madsen Ingeniører（消防顾问），KiBiSi（产品设计）
竣工时间 | 2013年10月

丹麦国家海事博物馆是国际知名设计事务所 BIG 与 kossmann dejong, rambøll,freddy madsen 以及 KiBiSi 等设计机构共同合作完成的新作。整个博物馆以创新的形式融合了历史与现代元素，体现出丹麦作为一个世界海事强国的历史和当代状况。博物馆坐落于 Helsingør 市，距哥本哈根 50km，距著名的路易斯安那当代艺术馆仅 10km，还毗邻丹麦最重要建筑之一的克伦堡宫（Kronborg Castle）——联合国教科文组织世界文化遗产，莎翁名剧《哈姆雷特》中的故事发生地。这也是克伦堡宫周边地区最后的新增项目，将与区域内其他建筑景观共同为游客和居民带来新的体验。

新的空间在有着 60 年历史的老船坞墙壁之间展开，整个建筑位于地下，原有的船坞作为采光大庭院和开放室外活动区，参观者可以在这里直观地感受到船舶建造规模。相互贯穿的三个双层桥梁跨越船坞，提供整体交通衔接，并为各个不同功能区域之间创造捷径。跨桥顶部同时还是“海港大道”的一部分，与旁边的克伦堡宫和城市联系起来。

沿着曲折的跨桥，访客被引导至博物馆主入口，或俯瞰或仰望的新老访客汇聚在同一个空间中。博物馆展区位于地面以下 7m 处，围绕着干船坞的连续内部空间展开。所有楼层包括展览空间、礼堂、教室、办公空间、咖啡区和干船坞底层都是贯通的，和缓的倾斜角度创造出令人惊艳的雕塑般的空间形体。

BIG 创始人、合伙人，同时也是本项目的主持设计师之一的 Bjarke Ingels 说：“原有的旧码头成为新博物馆的中心庭院，在保留历史建筑结构的同时，将其设置成为日光和空气的交换口。这样的处理，也尊重了附近的克伦堡宫——我们设计面临的最大挑战就是：为了不遮挡克伦堡宫而将博物馆完全放置于地下，但博物馆又需要一个强有力的形态来吸引游客。旧的干船坞为博物馆提供了内部立面，同时也为城市献上了一处海平面以下的全新公共空间。”

整个设计中多处借鉴了航海和船舶的元素，比如 KiBiSi 设计的地面休息座椅灵感来源于系船柱，兼有阻挡车辆的功能；长短不一柔软形状的座椅让人联想到莫尔斯代码……这都让人们能够在浏览的过程中感受、发掘、破解海事的魅力。展陈部分由荷兰 Kossmann dejong 公司设计，多媒体展览围绕着航运的许多不同角度，让人们从对航海的想象开始了解丹麦的航海历史及其当前在全球航运领域扮演的角色，通过诸如海港、航行、战争和贸易等环节展开，以最易理解的方式向大众传达信息。

项目负责人 David Zahle 则讲述了设计建造过程的艰辛与荣耀：“建造一个低于海平面的现代化博物馆在丹麦是前所未有的。五年来，我们一直在为之努力，与考古专业和飞船设计师齐心协力对古老的混凝土基座进行改造，原有 1.5m 厚的墙壁和 2.5m 厚的地板被切开，并精确规划为现代博物馆设施。建筑中运用到的大型钢梁在中国制造并通过最大级货轮运抵 Helsingør 港口，因为每条大钢梁重达 100t，所以在项目中还用到了目前北欧最大的两台移动式起重机装配。在这个团队中完成这样的项目，是一件非常值得自豪的事情。” END

1-3 原貌现状比较——场地鸟瞰 ©Dragoer Luftfoto
4-5 原貌现状比较——外观，原貌 ©Ole Thomsen，现状 ©Rasmus Hjortshoj
6 新馆与场地景观环境 ©Luca Santiago Mora
7 设计图解
8 在巨大的钢梁上远眺克伦堡宫 ©Luca Santiago Mora

博物馆位于一座干船坞内，毗邻联合国教科文组织世界文化遗产克伦堡宫

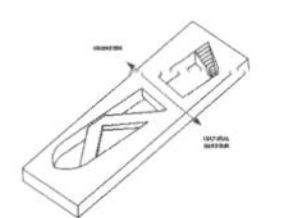

通往克伦堡宫的桥梁

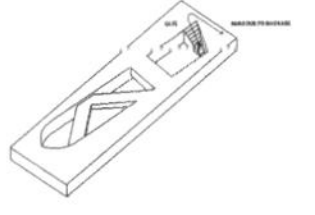
通往干船坞的阶梯

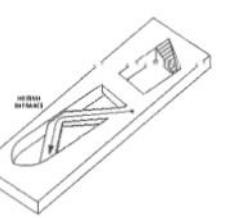
博物馆入口

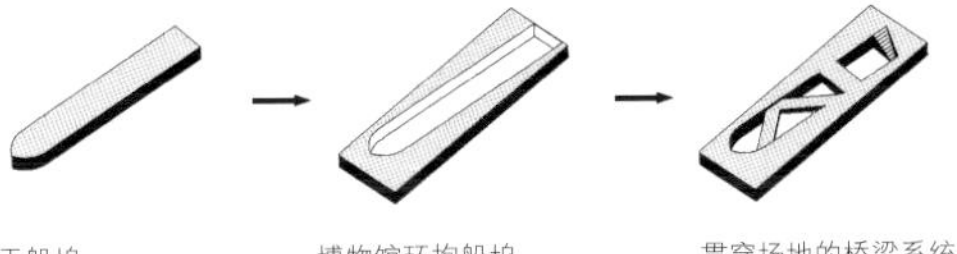

干船坞　　博物馆环抱船坞　　贯穿场地的桥梁系统

混凝土坡道展览空间

木架构空间

博物馆

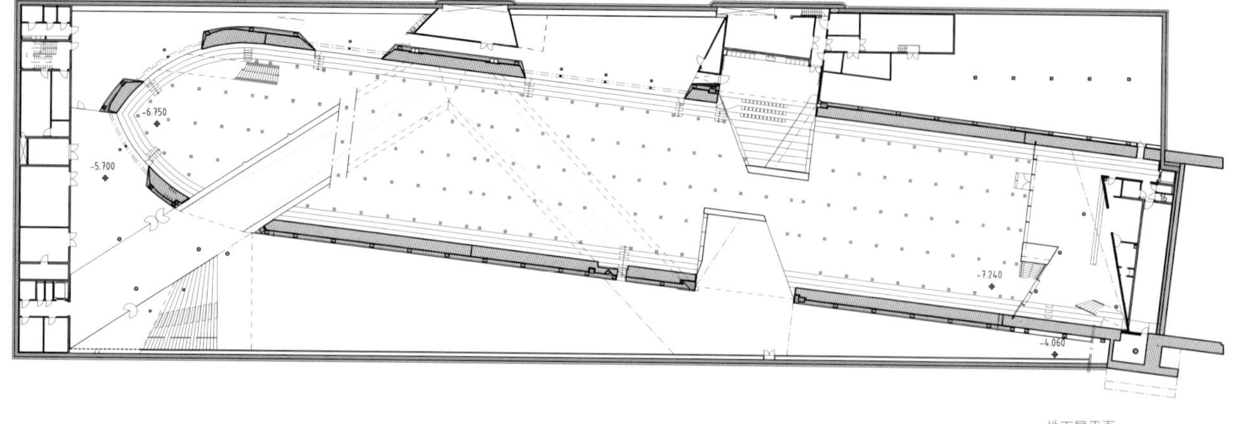


地下层平面

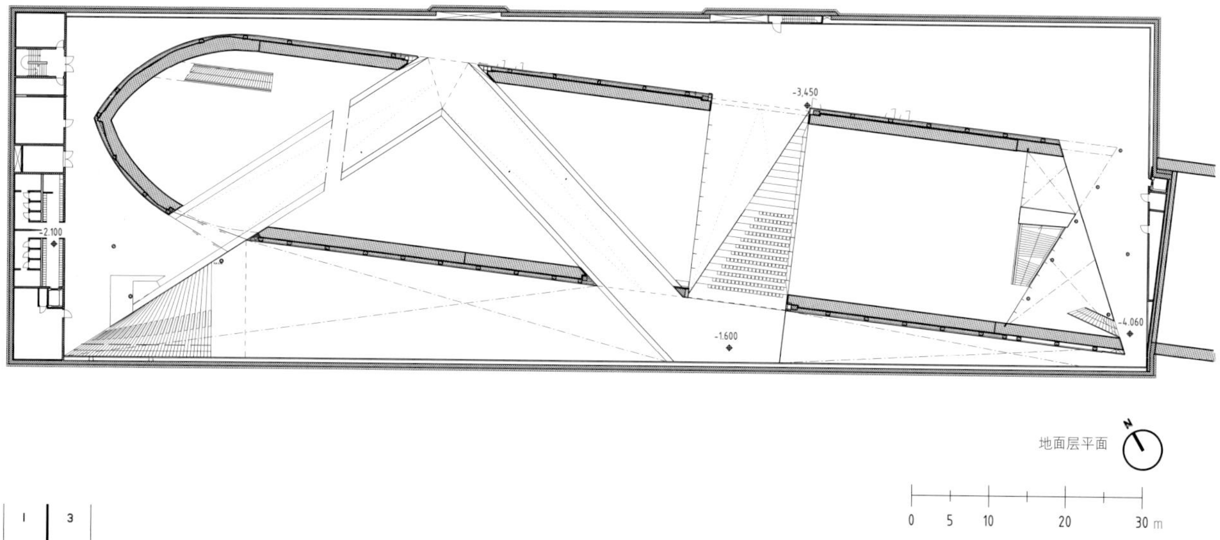

-3.450
-2.100
-1.600
-4.060

地面层平面

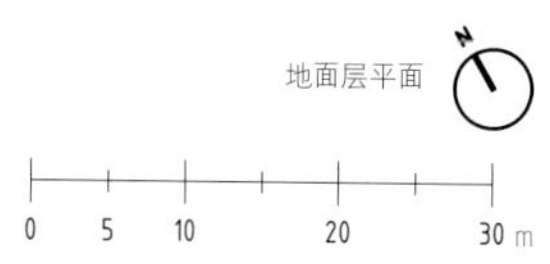


1 平面图
2 通往干船坞的室外阶梯 ©Luca Santiago Mora
3 相互贯穿的三个双层桥梁跨越船坞，提供整体交通衔接，并为各个不同功能区域之间创造捷径 ©Rasmus Hjortshoj
4 博物馆入口 ©Luca Santiago Mora

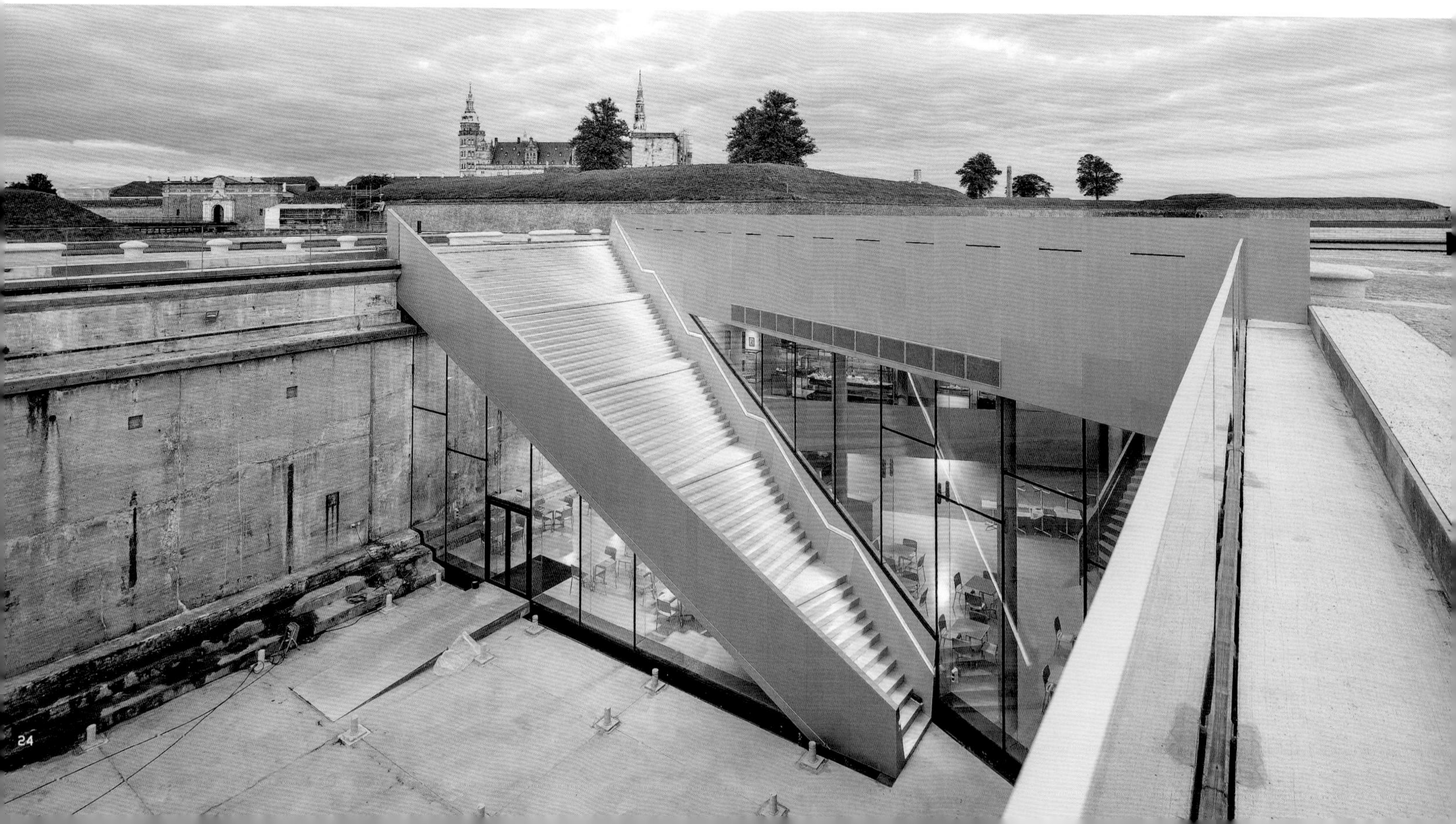

1 2 | 4
3 | 5 6

**1-2** 曲折的跨桥丰富了纵向空间的层次，引导游客进入博物馆 ©Rasmus Hjortshoj

**3** 功能多样的室内阶梯 ©Rasmus Hjortshoj

**4** 剖面图

**5** 博物馆展区围绕着干船坞的连续内部空间展开 ©Luca Santiago Mora

**6** 楼梯亦可见丰富的设计细节 ©Rasmus Hjortshoj

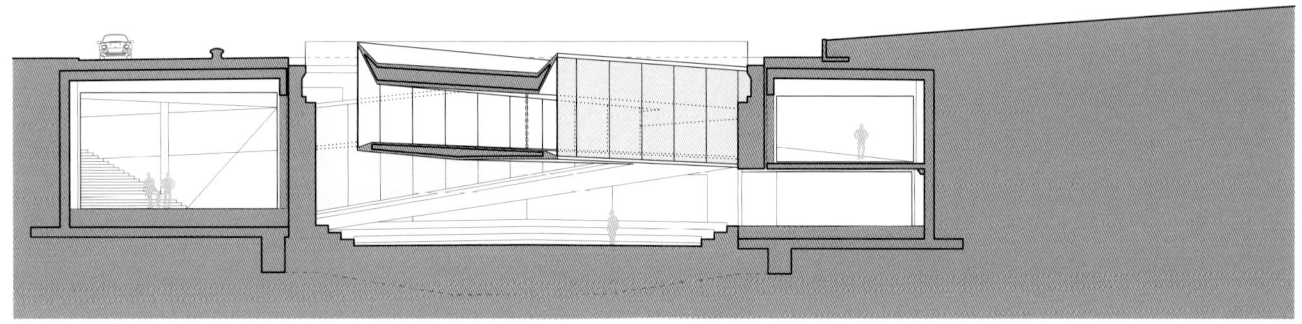

纵向剖面

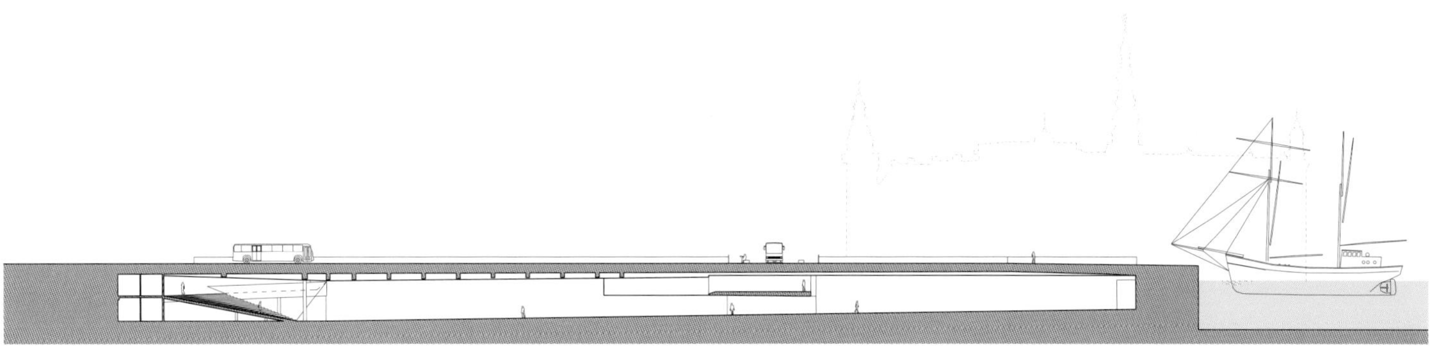

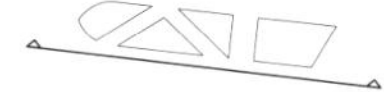

剖面 A

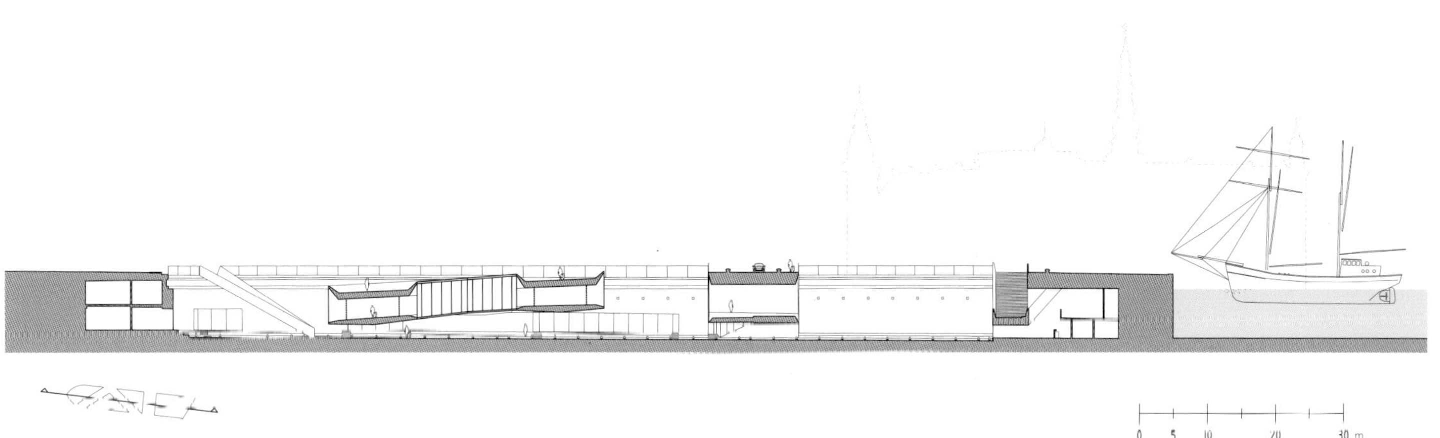


剖面 B

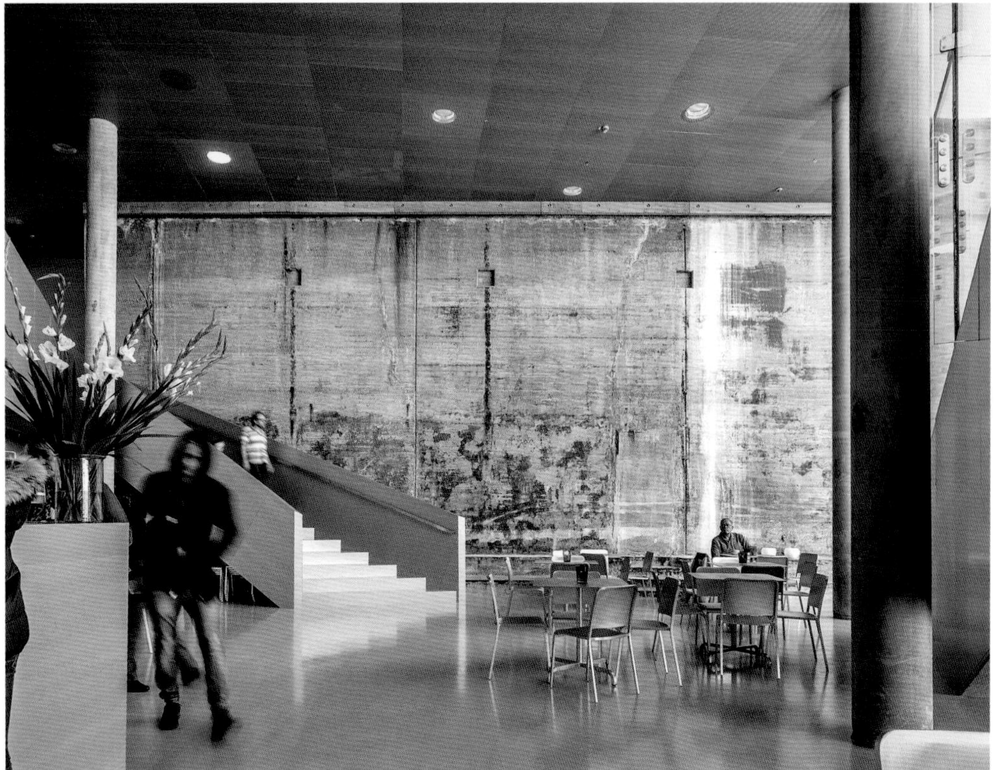

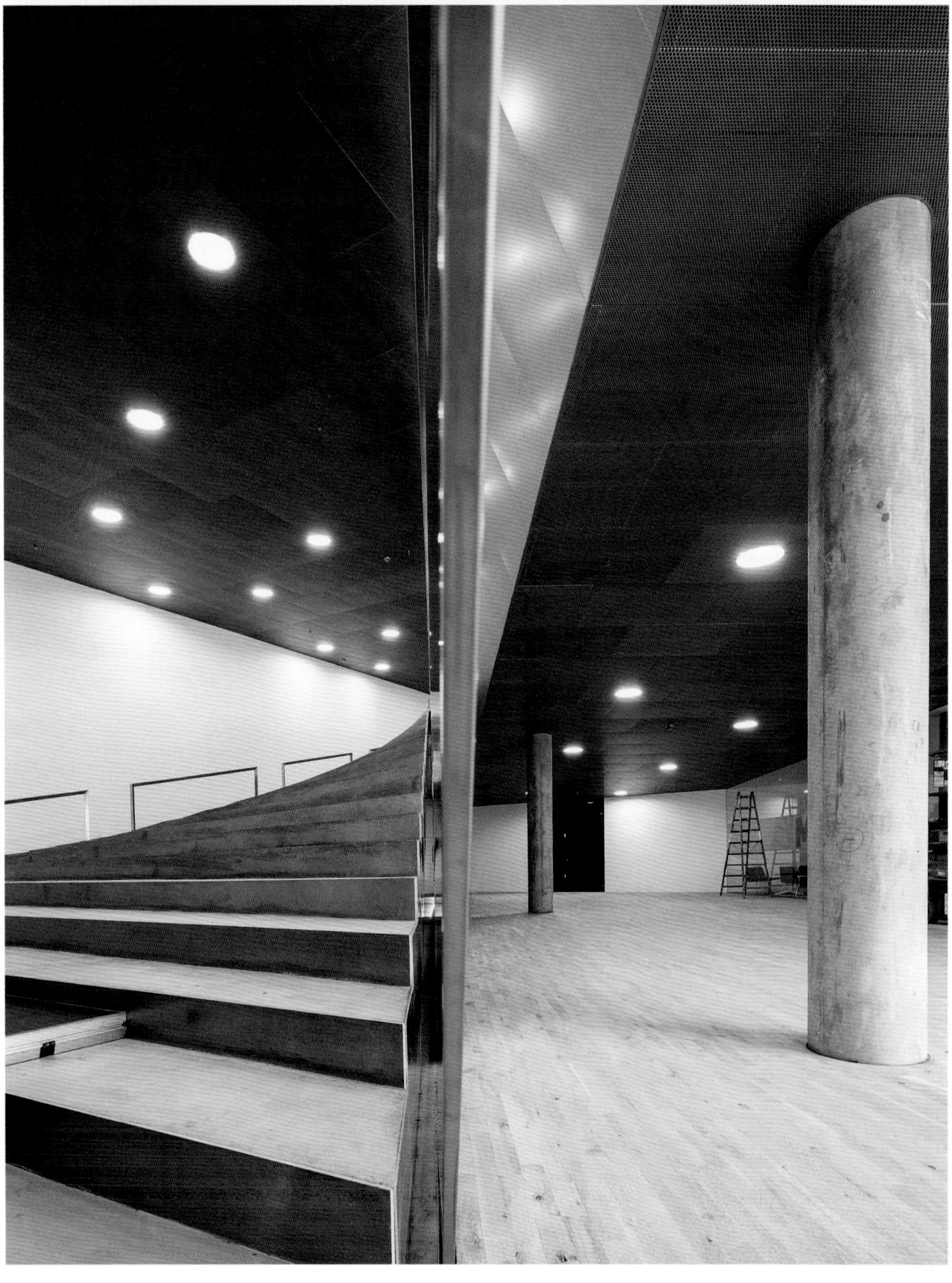

| 1 | 3 |
|---|---|
| 2 | 4 5 |

**1-2** 博物馆大厅 ©Rasmus Hjortshoj
**3.5** 展览空间 ©Thijs Wolzak
**4** 洗手间 ©Rasmus Hjortshoj

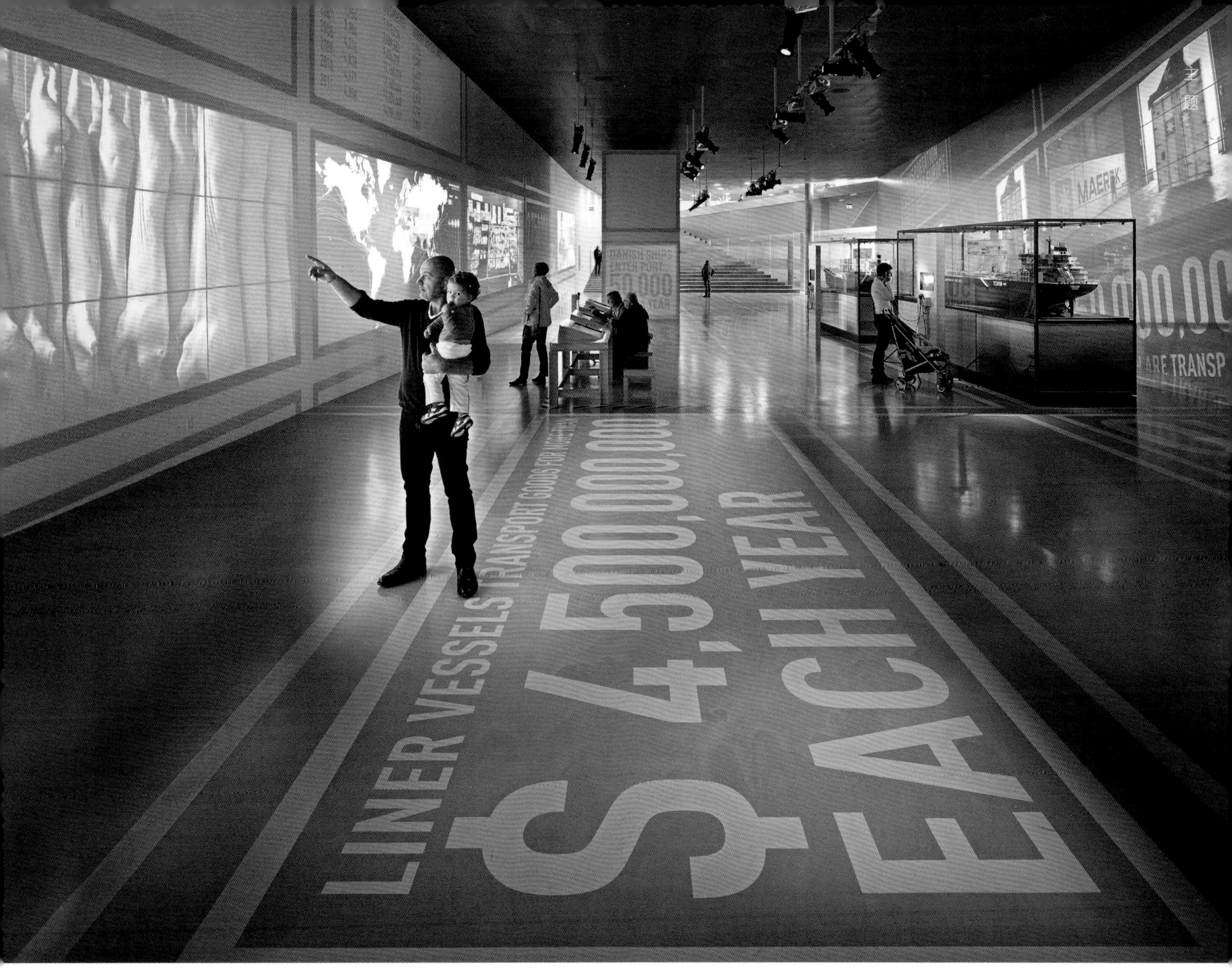
LINER VESSELS
$4,500,000,000
EACH YEAR
DANISH SHIPS ENTER PORT
50,000

12
13
14
15
33
34
35
36
54
55
56
57

LIVSGLAD

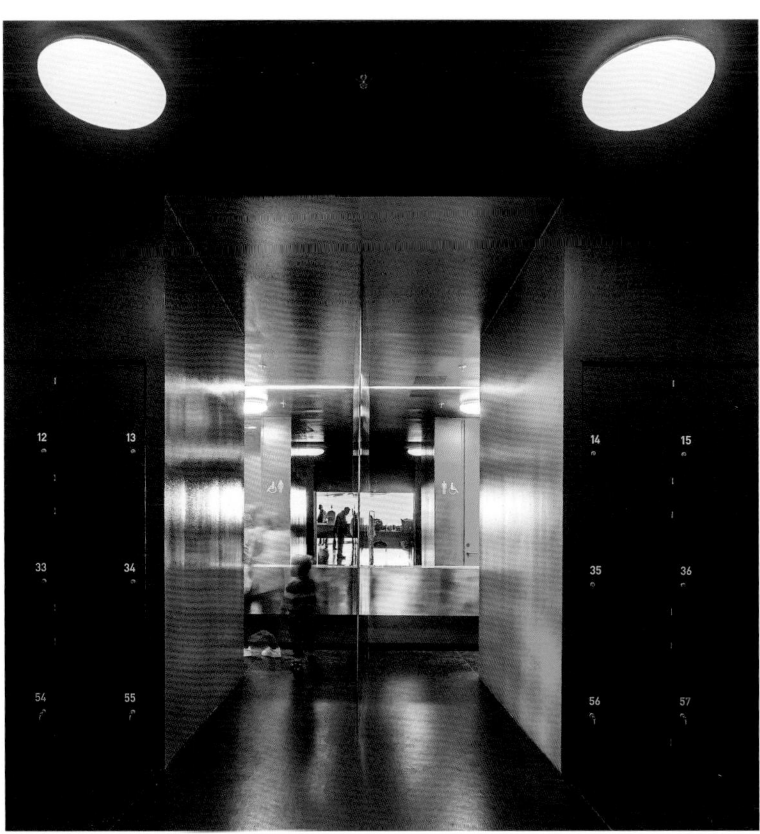

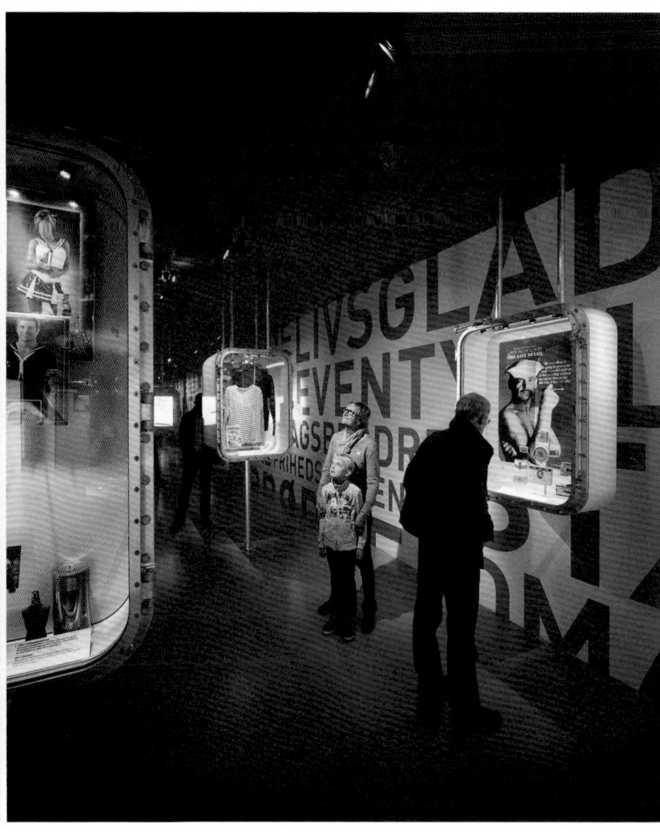

1　展陈设计围绕着航运的许多不同角度展开，让人们了解丹麦的航海历史及其当前在全球航运领域扮演的角色 ©Thijs Wolzak

主题

# 洛杉矶大屠杀博物馆
# LOS ANGELES MUSEUM OF THE HOLOCAUST

撰　文 | 银时
摄　影 | Iwan Baan,Benny Chan,Belzberg Architects

地　点 | 美国洛杉矶，100 The Grove Drive
面　积 | 约2 500m²
设　计 | Belzberg Architects
设计主持 | Hagy Belzberg
竣工时间 | 2010年

1 | 2

1 力图激起人们强烈情感的室内空间
2 建筑外观与场地环境

2010年11月，由Belzberg建筑师事务所设计的全新的洛杉矶大屠杀博物馆（简称LAMOTH）正式对外开放。这座新博物馆坐落在洛杉矶泛太平洋公园内，就在洛杉矶大屠杀纪念碑的对面。

设计师在设计策略中首要考虑的是如何将建筑与周围的公园景观完美地融合在一起。基于此，设计师决定将博物馆建于地下。不知情的人即便路过此处可能都不会注意到博物馆，但这一做法保留了公园的土地，同时富于创造性地营造出一条充满活力并且有纪念意义的交通动线——原有的公园小路与博物馆的绿屋顶以及其循行道衔接起来，引领参观者来到地下的空间，去缅怀大屠杀中的遇难者。

盘旋起伏、被绿色植被覆盖的屋顶成了这座建筑的标识性元素，它与周围的园林景色和谐共处，将建筑物对公园环境的影响降至最低。设计师将公园里的小路打造为地面图案，并将这些纹理延续到博物馆屋顶。屋顶设计了平面图解式的混凝土分隔线，将屋顶表面划分为一系列锯齿形的人行步道。博物馆的曲面混凝土墙体经过解构和雕琢，又归于地表，形成了博物馆的入口。混凝土材质和植被的色彩与公园中采用的材料保持了统一性，使得博物馆既在外形上独一无二、富于个性，同时也融入到公园原有的地形和景观中来。

当参观者们进入博物馆时，首先要经由一条长长的下坡道，这是为了令参观者平缓地经历空间氛围的变化过程——从欢乐祥和的公园氛围渐渐进入一系列孤立的空间中，这里布置着影像档案记录。这些几十年前发生的悲催可怖事件的记录与此时此刻安宁和平的公园场景微妙地并存着——一旦参观者上行至纪念碑层面，就可以离开博物馆，重新回到美好的现实中来。

与著名的柏林犹太人博物馆相似，洛杉矶大屠杀博物馆的室内空间设计也力图激起人们强烈的情感。低矮压抑的顶棚、倾斜粗粝的混凝土墙、强制性视野以及肃穆的甬道……正如设计师哈吉·贝索伯（Hagy Belzberg）所说，就是“意图让人感觉有所不适”。博物馆内部阴暗而充满压迫感，仅仅从建筑上方射进来一些微弱的自然光线。第一处展厅内摆放着一张大型的互动式桌子，模仿“社区”或餐桌的概念，将众多参观者汇集到一起。随着参观者们逐渐下行，过道的越来越昏暗。随后的展厅里有两个独立的展览，分流了参观人群，人们的“群体感”也随之减弱。当参观者逐步进入后面的空间，光线更暗了，人们渐渐被引入一个名为“集中营”的空间。这里的顶棚很低，仅有一个笔记本大小的、独立的视频监视器几乎是屋内仅有的光源，参观者们被“束缚”于整座博物馆中最孤立、黑暗的地下区域。当然，这也是黎明前的黑暗。在旅程最后，充满希望和描述解放的故事一一呈现，楼层高度开始转而上升，自然光线渐次回归。当参观者们上行至纪念碑的位置时，便可以走出博物馆，走向光明。

整个设计在运用可持续发展系统和材料进行设计和建造方面做出了巨大的努力，也取得了有目共睹的成就，洛杉矶大屠杀博物馆将有望获得美国绿色建筑委员会的LEED金级认证。END

1 | 4
2 3 | 5

1 建筑表皮
2 博物馆与大屠杀纪念碑
3 博物馆的绿屋顶被混凝土墙划分为一系列锯齿形的人行步道，参观者经由一条长长的下坡道进入馆内，平缓地感受空间氛围的变化
4 平面图
5 进入馆内，首先是大屠杀历史影像档案区域

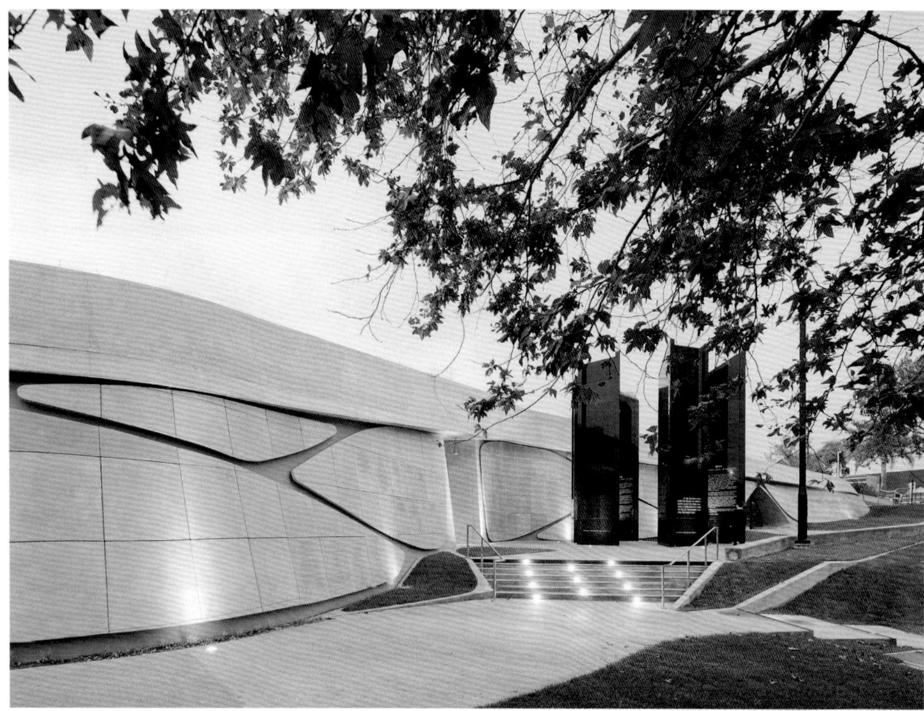

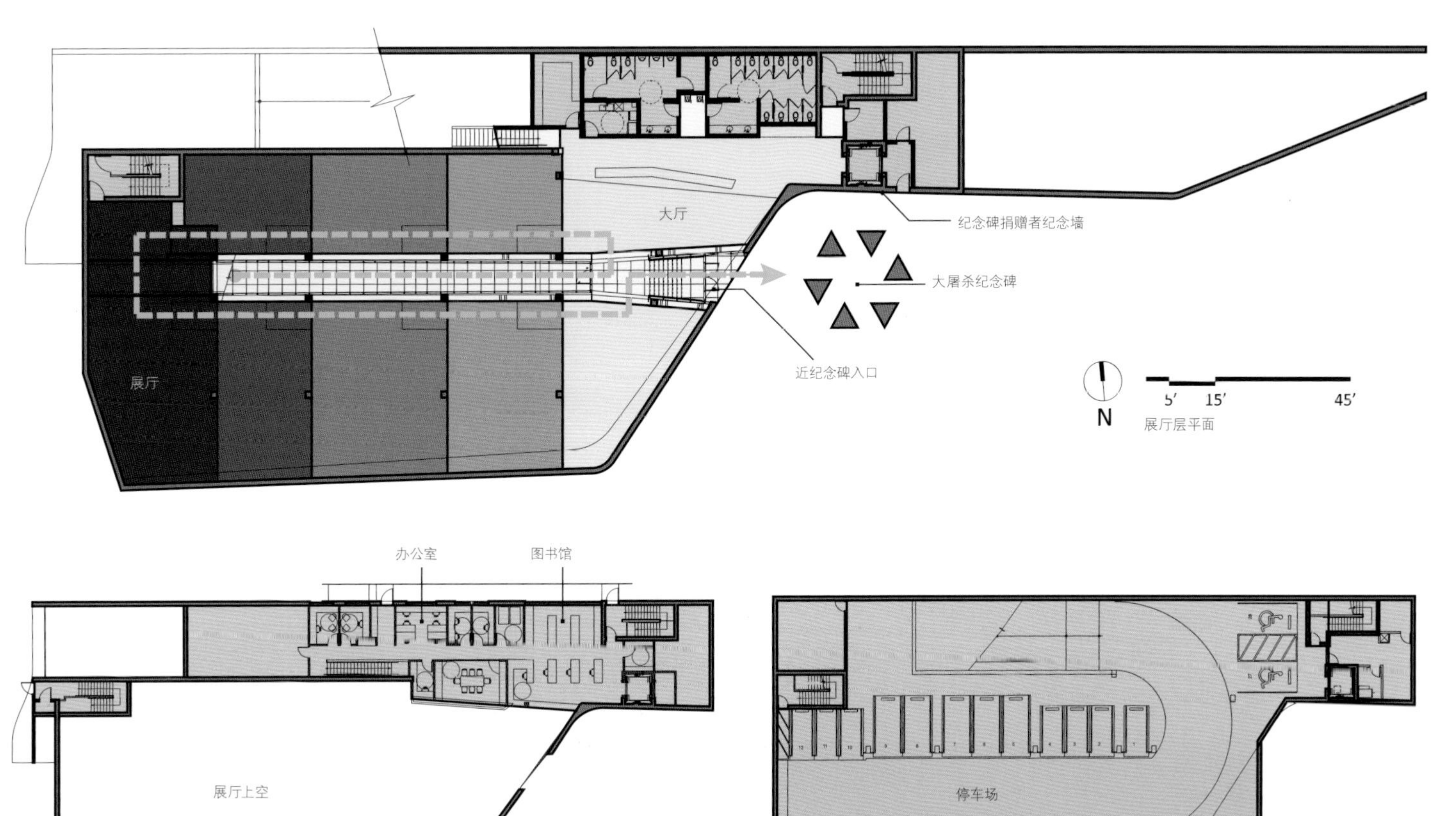


展厅层平面

夹层平面

泊车层平面

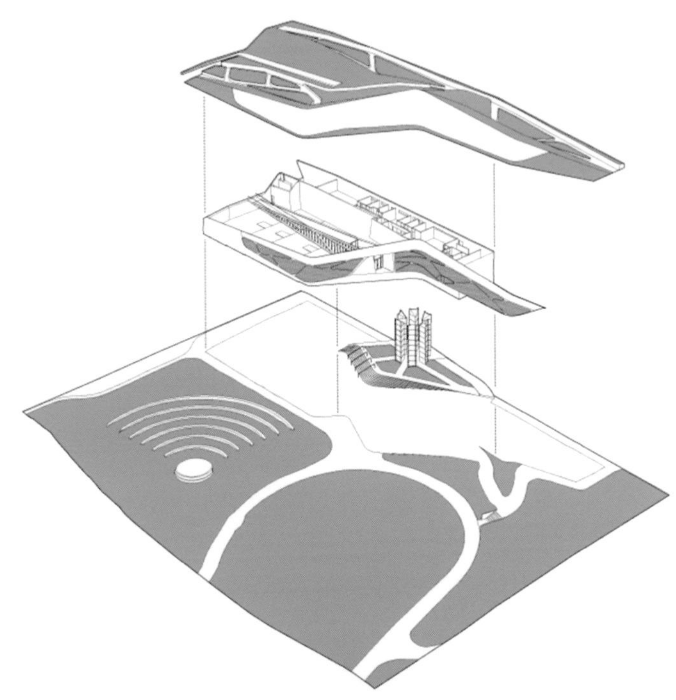

1 | 3 4
2

1 轴测图

2-4 在入口区域，室内还保持着与公园的空间联系，悲惨可怖事件的记录与安宁和平的公园场景微妙地并存着；参观者可以从一个短楼梯上行至靠近纪念碑的出口，回到美好的现实中来

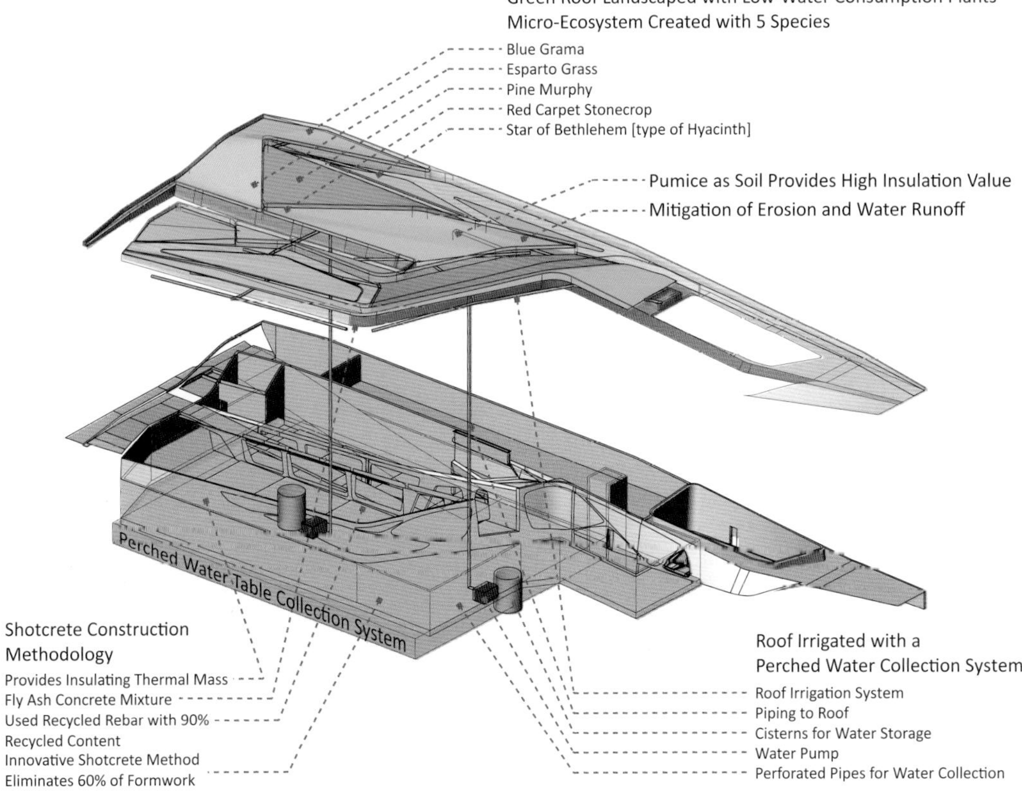


1-2 展示空间
3 可持续设计图解

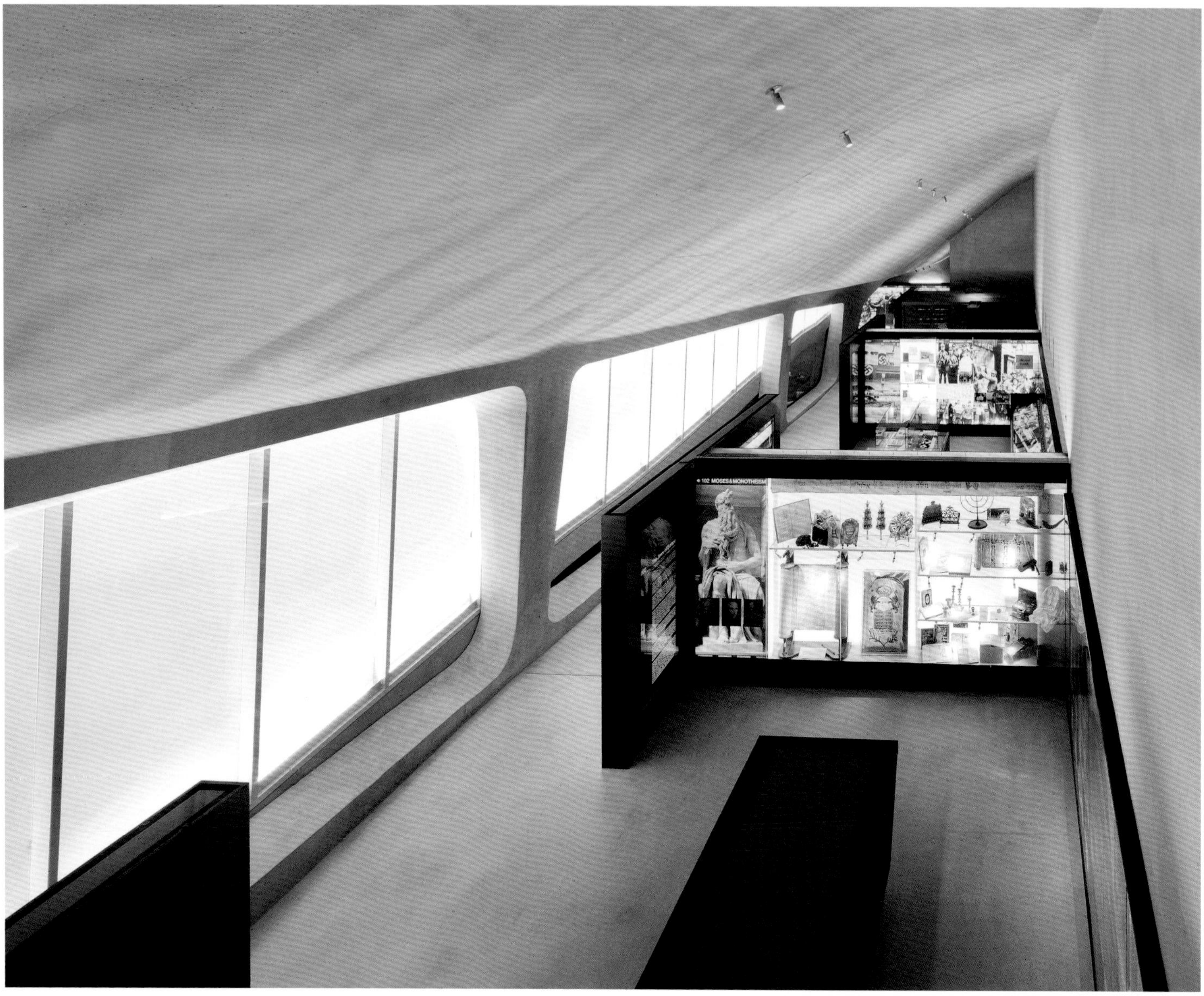

1 2 3

**1-3** 低矮压抑的顶棚、微弱的自然光线、倾斜粗粝的混凝土墙、强制性视野以及肃穆的甬道……博物馆的室内空间正如设计师 Hagy Belzberg 所说，就是"意图让人感觉有所不适"

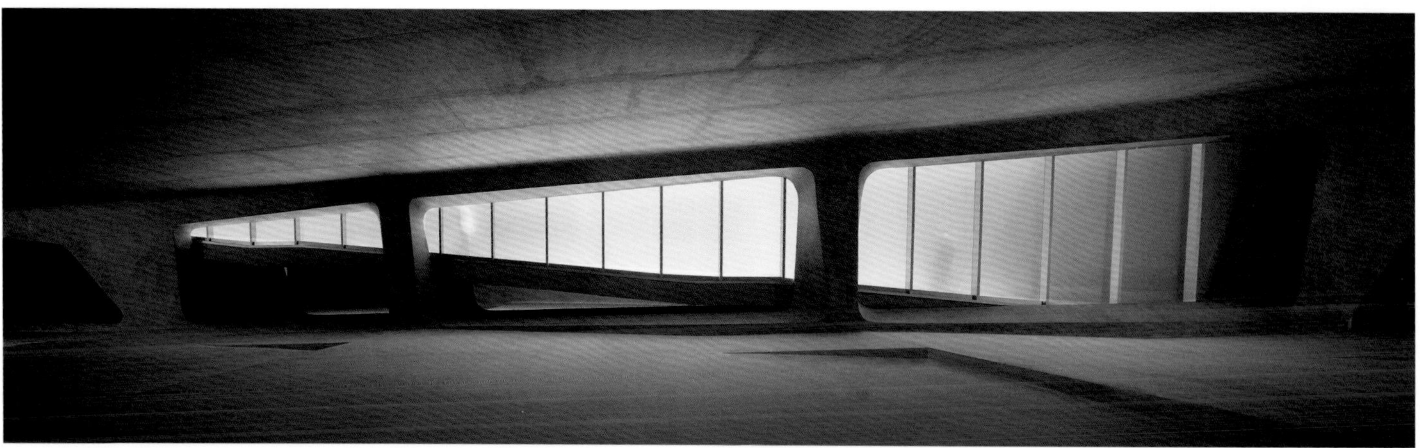

330
WARSAW
315
345
LUBLIN
325

# 印象江南

# JINLING ART MUSEUM, NANJING


撰　　文　新申

资料提供　刘克成工作室


| | |
|---|---|
| 地　　点 | 南京市秦淮区剪子巷50号 |
| 项目名称 | “一院两馆”（金陵美术馆、南京书画院、城南记忆馆） |
| 项目功能 | 展示、办公、文创 |
| 用地面积 | 4 424m² |
| 建筑面积 | 12 974m² |
| 主持设计 | 刘克成、肖莉 |
| 建筑设计 | 裴钊、吴超、闫庆楠、王文韬、袁方、林晓丹、董婧、杨盾 |
| 设计时间 | 2011年10月 |
| 竣工时间 | 2013年10月 |

在江浙一带，对大多古镇与历史保护街区来说，过于浓郁的商业化，令“古镇早已死亡”的言论一度盛行。在这样的街区中，彻底景观化导致历史文脉踪迹难寻，而现代文明更是无从对接。

这里，甚至算不上传统与现代关系紧张的战场，而只能沦为失去灵魂的空壳，在时代定位中迷失的文化遗存。

正是这种文化焦虑促成了位于南京老城南的“一院两馆”的诞生，建筑师刘克成以现代的金属板的形式，呈现了一位西部建筑师眼中的江南，这种充满当代性探索的形式也许是弥合历史建筑保护街区文脉裂痕的一种有效尝试。

南京的老城南，是指坐落于明城墙内的南京老城区最南端的一部分，它被从东水关流向水西门的内秦淮河贯穿。这里并没有与新城分开，有种岁月的层叠感与推进感。在这里，你可以捕捉到各个时代的建筑与气息，这种真实的“混搭”风格令这片土地成为具有真实、包容万象而颇具时代跳动气息的热土。但最近，这里又悄然发生了改变。

在一片错落层叠的青瓦屋面构成的海洋中，一座蓝灰色的金属体悄然矗立起来。这是由南京色织厂改造而成的“一院两馆”，包括互相连接的三幢建筑——金陵美术馆、南京书画院和老城南记忆馆，它们分别使用了三座厂房。

与老城南的整体风格不同，这座建筑非常现代，国际灰的建筑主体闪烁着银色的光泽，具有鲜明的线条和透明的外表，与周围旧建筑的沉闷与不透明形成了鲜明的反差。建筑师刘克成来自西安，“这座美术馆实际上是一个北方人对江南的印象，是印象江南，”他说，“江南可以有无数种解释，苏州人、南京人、上海人……都有自己对江南的印象，而我的江南印象也许更接近于吴冠中先生的抽象水墨画，它其实上就是这样一种黑白灰，是在蓝天映衬下的这样一种肌理、一种尺度和一种印象。”

据了解，改建前的南京色织厂很废旧，与周围老的历史街区相比有种突兀之感。如何将这些工业化的东西融入到周围的历史文化中，是此次设计师改建的要点。刘克成表示：“经过实地察看，原三座老厂房中最南面锯齿状的一层厂房不用改造，需要重点改造的就是靠北边三四层厂房。我们从金陵画派的水墨中获取了灵感，发现江南文化中最深层次的东西就像门东的那些老街巷一样给人一种弯弯曲曲、无限延绵之感，渗透的是一种不断探索的精神。”

在老城南的地域背景下，刘克成并没有采取传统的青砖灰瓦的江南文化策略，而是使用了一种全新的“考古学策略”。他采用了穿孔金属板这种当代工业材料，这种全新材料的使用产生了新的建筑语言和建筑形式，也极好地体现了考古建筑学的特征。“旧有的厂房代表的是某种南京工业文明的历史，在设计上，我们也不能刻意地放弃当代文明。”刘克成表示，“其实我一直在寻求一种以当代的方式与历史建筑对话的这样一种途径，金属板这种材质不是老的历史街区具备的，所以它具有当代性，但是它所形成这种的肌理与尺度是来自于对历史街区的分析。”

金属板是种非常丰富的材料，建筑师采用了两种不同的色彩，一浅一深的两种金属板，而且在金属板的表面进行了反光处理，像镜面一样，使得金属板在晴天、阴天与雨天有不同的表现，同时来说，在向阳、背阳，一天的不同时间都有不同的表现。这个变化的表皮已经形成了一种与历史街区丰富的与动态的关系，调和了一个老的工业建筑与南京老城南历史建筑之间的关系，产生介于透明与不透明、半透明之间的半透明关系。从远处看，这块立面会有不同的深浅，营造出灰、黑、白三色，就像一种抽象艺术下的砖、瓦、街巷，同时，它还展现了江南文化中绵绵延延之感，如果与老街区放在一起看，就像弯弯曲曲的街巷最终都汇集到了建筑上边。END

1 东南向外观
2 建筑与周边关系

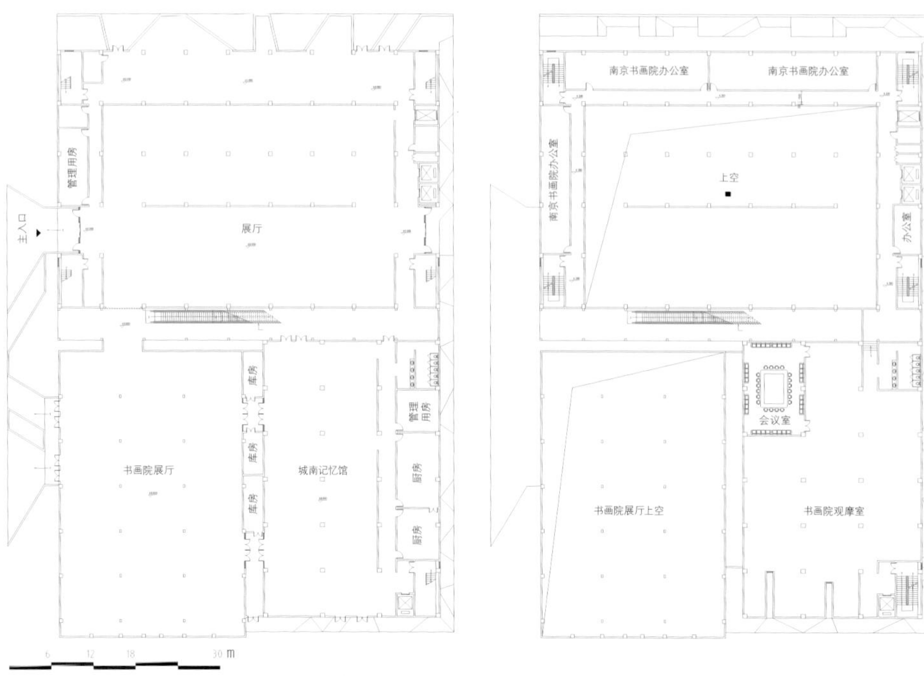


首层平面

4.3m 标高平面

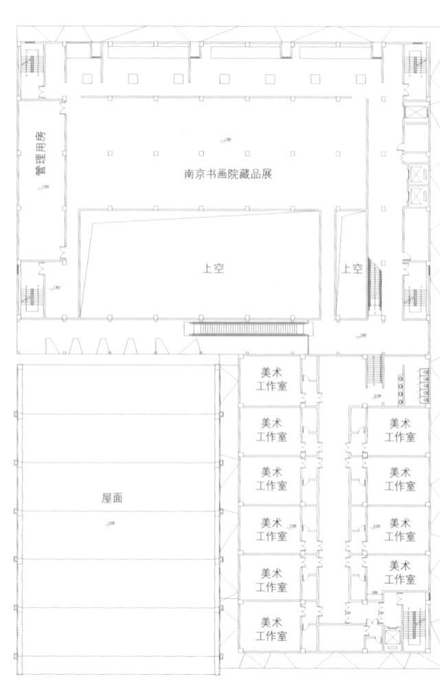


7.4m 标高平面

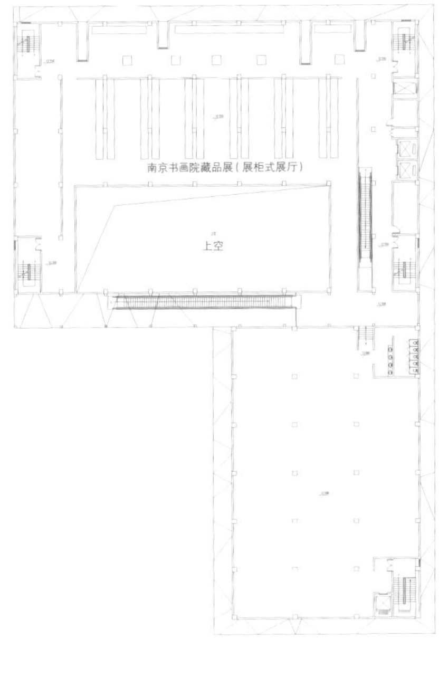

12.5m 标高平面

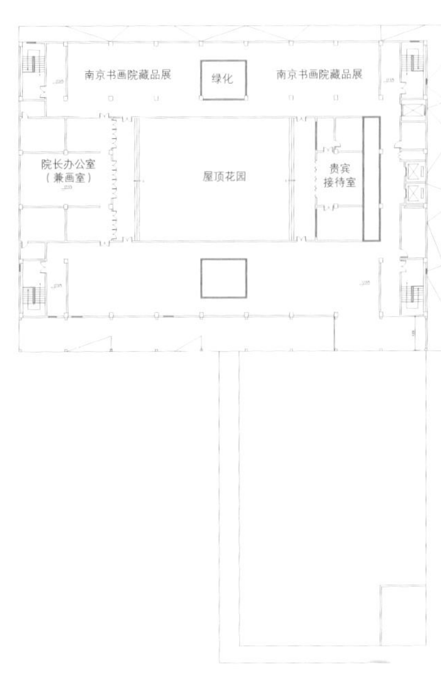

17.5m 标高平面

1 平面图
2 西南角实景
3 建筑局部

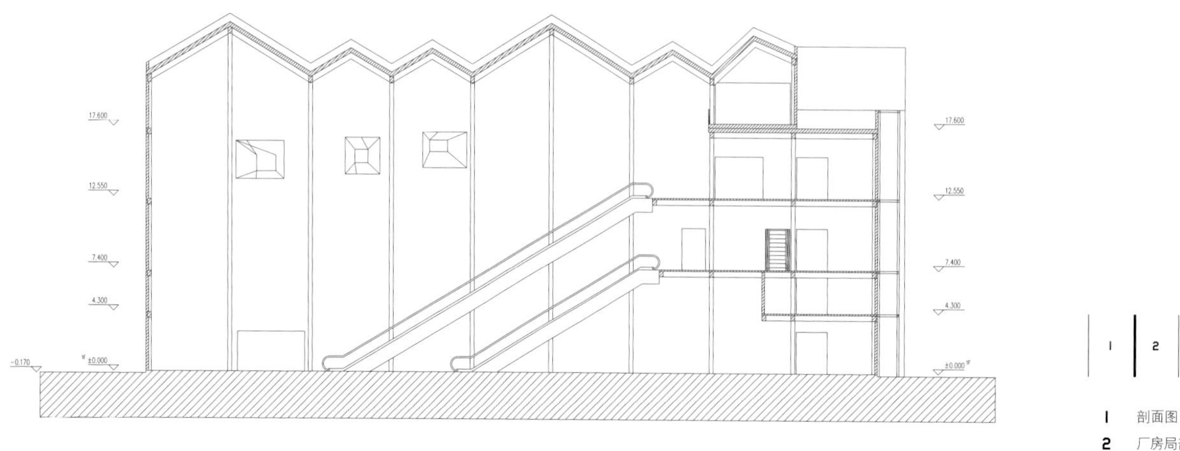


剖面 1-1

I 剖面图
2 厂房局部

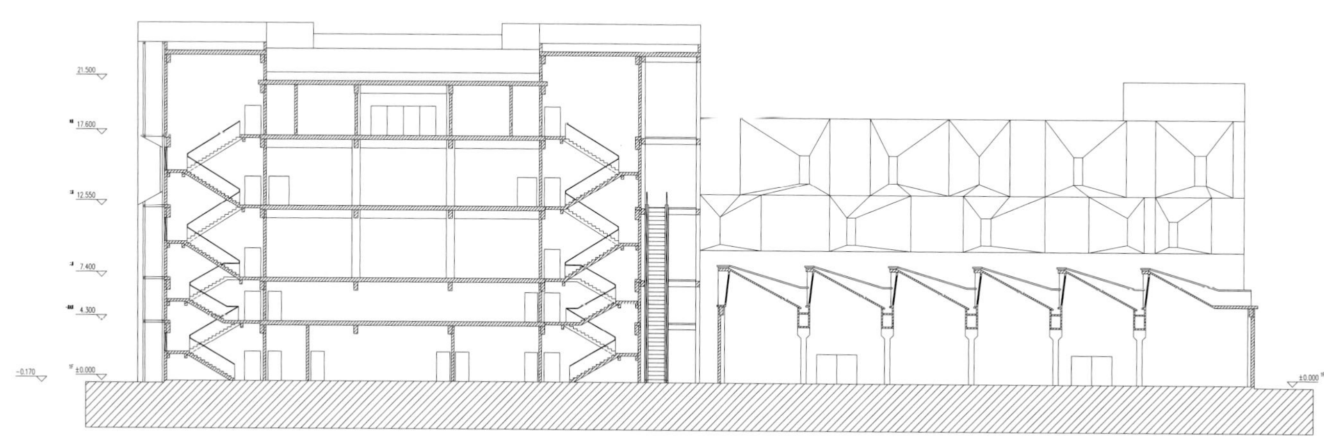


剖面 2-2

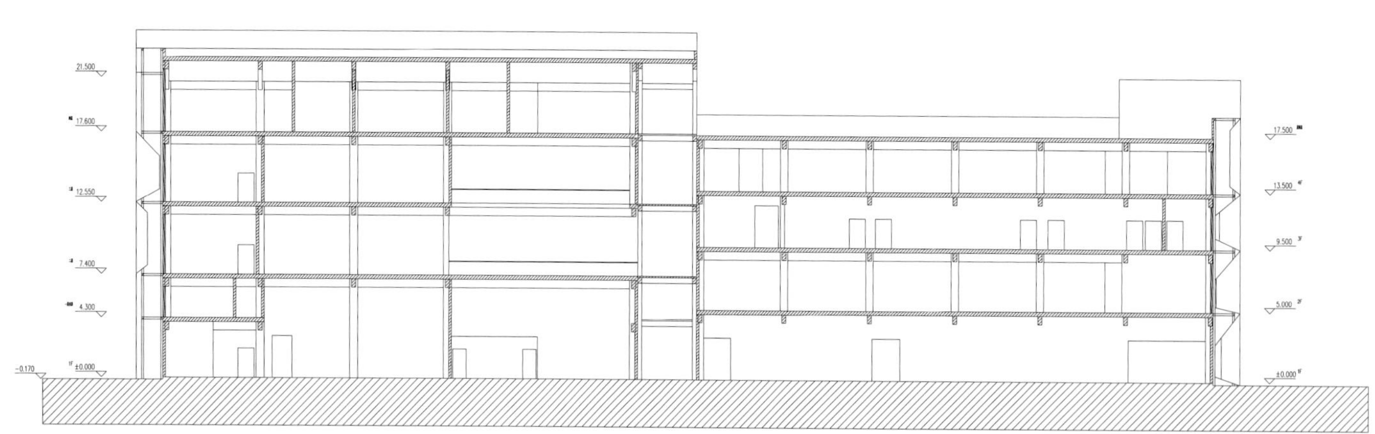


剖面 3-3

| 1 2 | 3 |

1-3 建筑表皮与材质

# Braamcamp Freire 初中校舍
# BRAAMCAMP FREIRE SECONDARY SCHOOL

撰　文 | 银时
摄　影 | invisiblegentleman.com

地　点 | 葡萄牙里斯本Pontinha
面　积 | 15 800m²
设　计 | CVDB arquitectos
景　观 | F&C Arquitectura Paisagista
结　构 | AFA Consult
色彩顾问 | João Nuno Pernão
设计时间 | 2010年
竣工时间 | 2012年

一层平面

二层平面

Braamcamp Freire 初级中学位于葡萄牙里斯市 Pontinha 城区历史中心区的边缘，场地面积大约 17 380m$^2$，紧挨着一块地形突出的地块。除了北面的边缘地带，整所学校都归属于 Pontinha 的城市肌理中，而北边界则面向一个未经开发建设的山谷。原始的学校建筑建于 1986 年，包含五个标准预制体块——一个中央的一层结构和四个两层结构。这些建筑体块沿着一条东西轴线组织布局，通过覆盖有顶棚的走廊相连。原来的学校包括一个体育馆和一个户外操场，操场地势较低，并且离建筑比较远。

学校的建筑改造工程是葡萄牙“初中校园现代化改造计划”的一部分，该计划开始于 2007 年，由 Parque Escolar E.P.E. 负责实施，旨在重新组织校园空间，使不同的功能分区更加明确，并向当地社区开放。

在 Braamcamp Freire 初中这个项目中，平面布局对分散的结构进行了重组，将其连成一体，通过室内交通流线空间，将所有的体块连接起来。在原有的建筑体块之间，加建立了新的建筑，作为连接元素。新的规划被构造为一条“学习街”（learning street）和一条穿过所有建筑楼层的连续通道，这些通道集成了一系列室内空间，为学生们提供了不同的课外学习机会。由此，“学习街”得以连接起校园内不同的功能空间。另外，连续通道上还设置了一些社交区域，可以促进学生之间的互动，以及各种教育计划的开展和学校社团活动的举行。

整个校园围绕一个中央开放空间组织起来，这个开放空间是一个“学习广场”，它是“学习街”的外延，也是学校的室外中央社交区域。广场与操场形成关联，这就使校园与原有的自然景观和地形形成了密切的关系。广场是开放的，像是一个露天剧场，与校园北部的操场相连。它位于由一系列穿孔混凝土墙支撑的新教室建筑下方，可以作为穿行通道，也可以供学生们在此闲坐小憩、聊天玩耍。

学校的外墙基本上由裸露的现浇混凝土和预制混凝土构件构成，以减少维护成本。混凝土板都经过精心设计，以与各个朝向的立面充分匹配。室内空间选用了非常耐用的材料，以满足密集的使用需求和较低的维护成本需求。多功能大厅采用了木墙骨和吸声板。交通流线空间的墙体主要安装了混凝土吸声块。与素淡的整体色调形成了鲜明对比的是，社交空间采用了亮丽跳跃的色彩，为整个建筑带来了与青春校园相衬的鲜活气息。END

| 1 | 2 3<br>4 |

1 由一系列穿孔混凝土墙支撑的新教室建筑下方形成了一片荫凉通风的小天地，可以作为穿行通道，也可以供学生们在此闲坐小憩、聊天玩耍
2 穿孔混凝土墙，功能之外，亦有趣味
3 外立面开窗细节
4 室内，开窗组织带来了鲜活多变的视觉体验

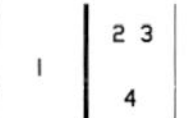

1 剖面图
2-4 曲线和色彩的运用为原本单调的混凝土楼梯带来变化和趣味

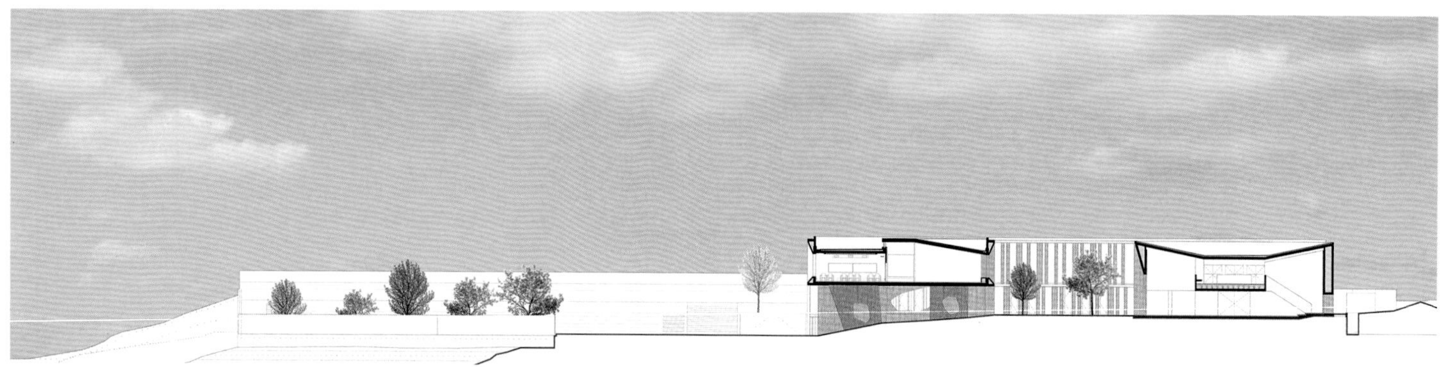

剖面 1

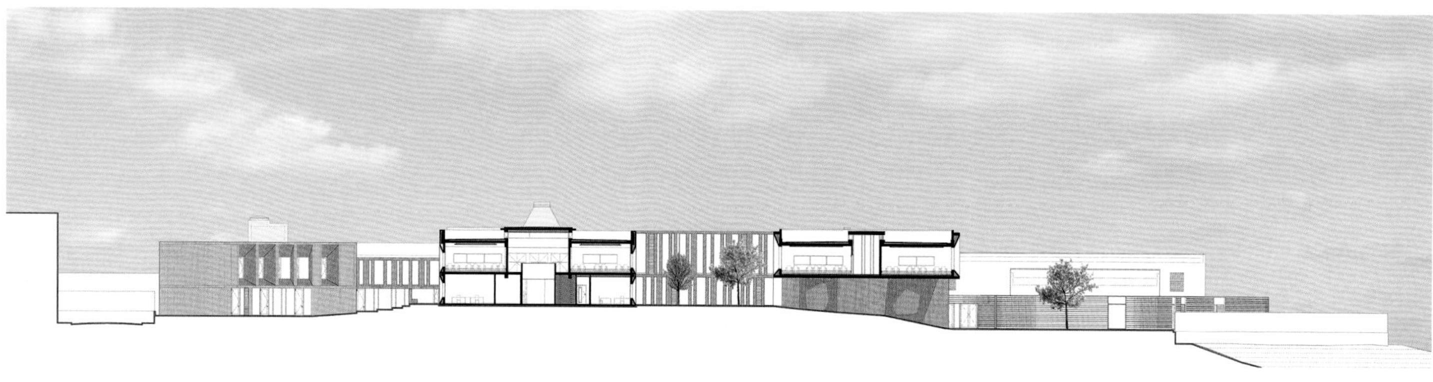

剖面 2

剖面 3

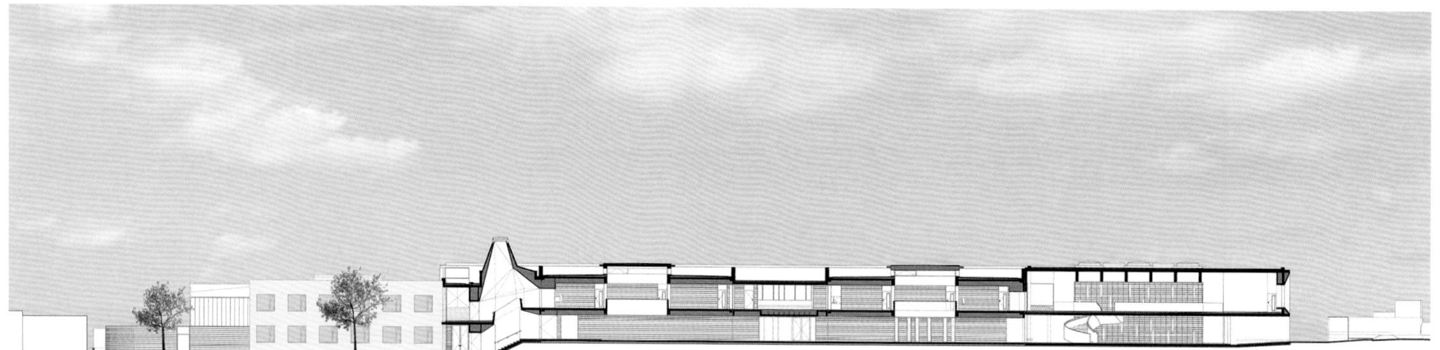

剖面 4

| 1 2 | 5 |
|---|---|
| | 6 |
| 3 4 | 7 |

**1-4** 色彩的运用是本项目设计的亮点，恰到好处地缓解了混凝土材质的沉重感，为整个校舍带来了与青春校园相符的鲜活气息

**5-7** 教学空间

# 水井街酒坊遗址博物馆

# SHUIJINGFANG MUSEUM

| | |
|---|---|
| 撰　文 | 银时 |
| 摄　影 | 存在建筑 |
| 资料提供 | 家琨建筑设计事务所 |

| | |
|---|---|
| 地　点 | 中国四川省成都市锦江区水津街17-23号 |
| 建筑面积 | 8 670m² |
| 基地面积 | 12 148m² |
| 设计单位 | 家琨建筑设计事务所 |
| 主设计师 | 刘家琨 |
| 设计团队 | 蔡克非、华益、杨东 |
| 结　构 | 钢筋混凝土框架 |
| 表现材料 | 再生砖、防腐重竹 |
| 设计时间 | 2008年8月～2011年9月 |
| 竣工时间 | 2011年9月～2013年4月 |

水井街酒坊遗址位于四川省成都市锦江区水井街南侧，在府河与南河的交汇点以东，原为全兴酒厂的曲酒生产车间。1998年8月，全兴酒厂在此处改建厂房时，发现地下埋有古代酿酒遗迹，随后由四川省博物馆进行了考古调查，以确定遗址的分布范围。考古发掘工作时出土大量青花瓷片、晾堂的年代分属明代、清代，一直沿用到现代。

酒厂遗址的发现揭示了明清时代酿酒工艺的全过程，从发掘现场看，该遗址为"前店后坊"的布局形式，晾堂、酒窖、炉灶等是"后坊"遗迹；在酒坊旁边清理的街道路面及陶瓷饮食酒具，则是临街酒铺的遗物。综合政府、专家、有关部门等意见，为长期、有效地保护水井街酒坊遗址这一具有历史价值、科学价值和文化价值的文物遗产，同时可持续地保护并传承传统酿酒技艺，决定修建包括现场生产作坊在内的水井街酒坊遗址博物馆。

博物馆由中国建筑界享有盛誉的家琨建筑设计事务所担纲设计，沿袭了刘家琨设计所特有的沉静朴质气息，也体现了其一贯注重场地文脉的主张，在可持续设计方面亦加以考虑。整个设计采用与相邻街区近似的民居尺度，融入水井坊历史文化街区。新建的建筑环绕古作坊布局，以合抱的姿态对文物建筑进行烘托与保护。建筑外墙采用与传统材料近似的再生砖、防腐竹等现代环保材料，构建手法现代而韵味传统的建筑群落。END

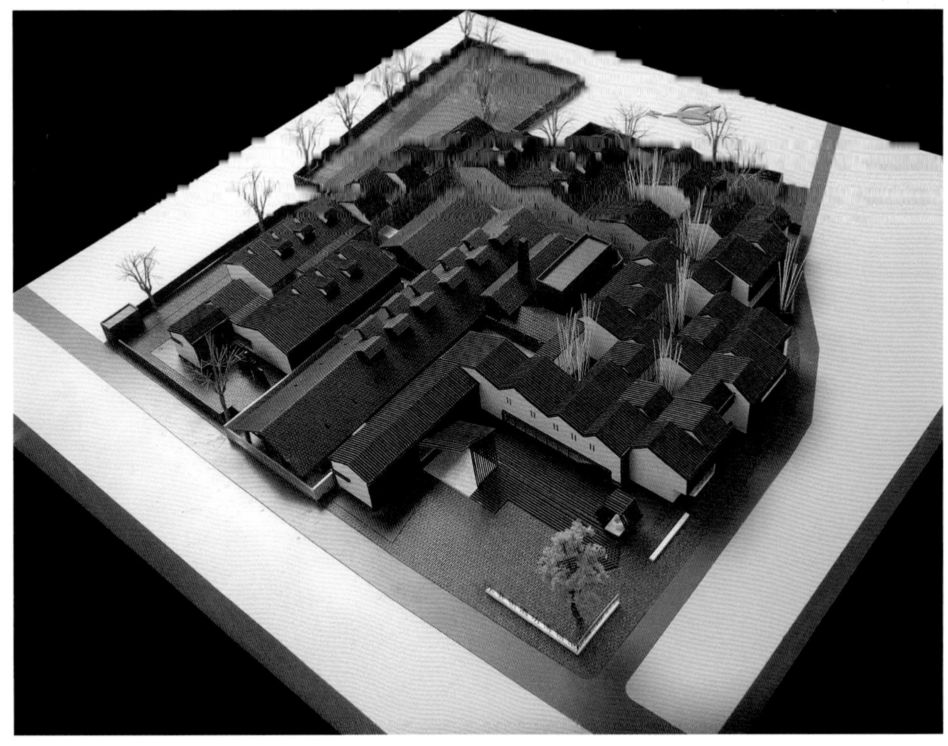

1 天井
2 鸟瞰
3 模型

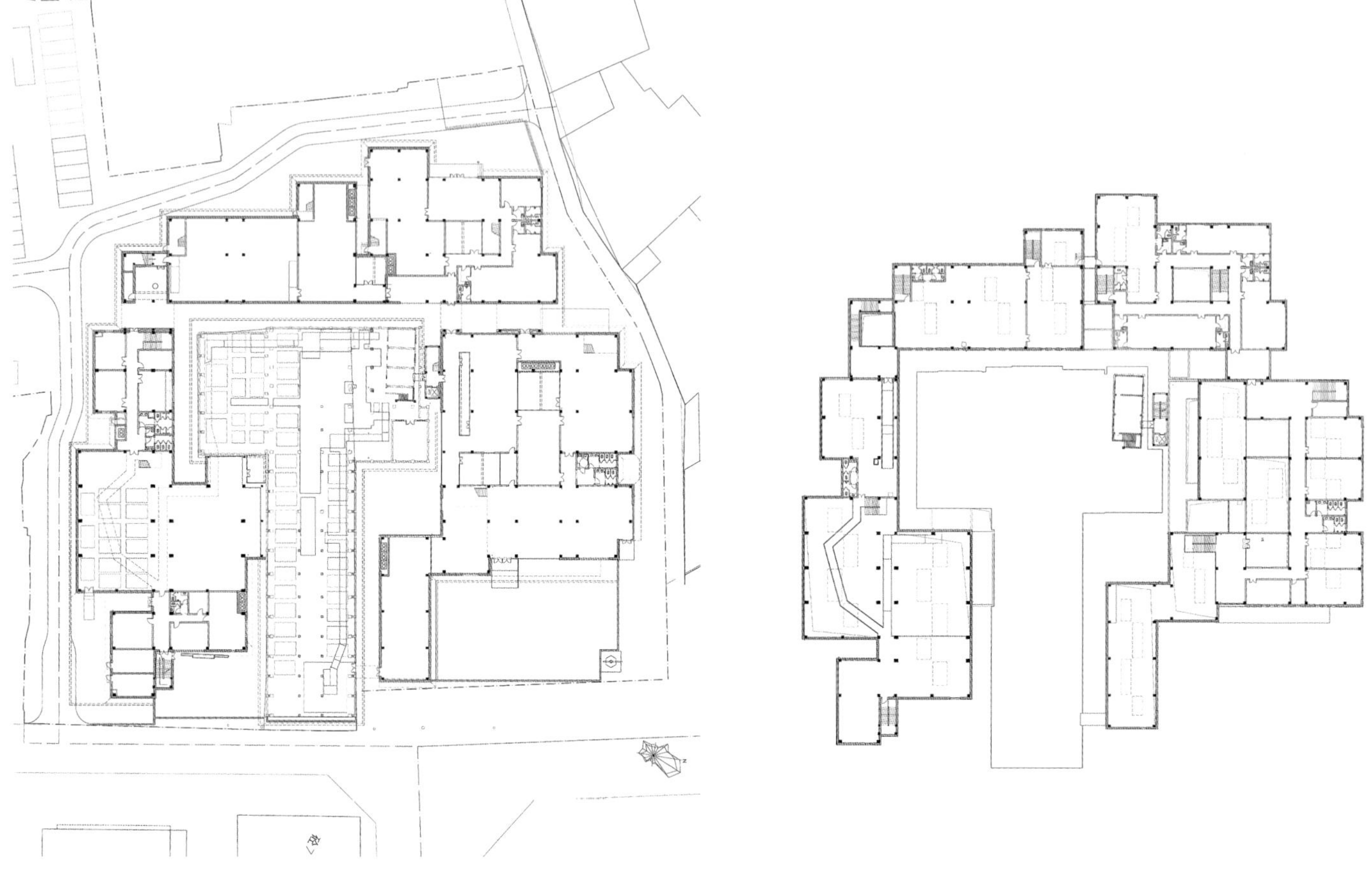

## 柔化边界 融入肌理

水井街西坊博物馆建成后可融入原有肌理，有利于水井坊片区健康可持续的发展

### 设计策略 融入肌理

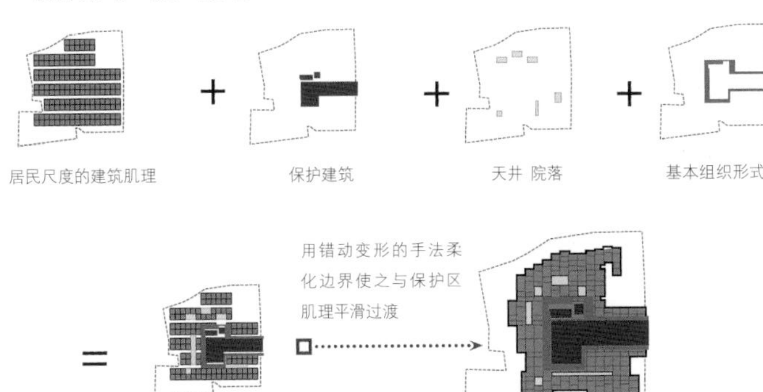


## 本案采用的文物本体保护对策

设置隔离带：

1. 与文物本体适当区隔，达到保护的目的；
2. 对隔离带特殊处理，达到衬托文物本体的目的

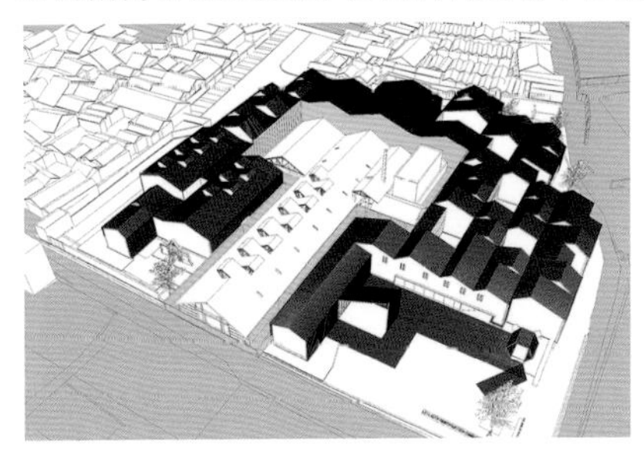

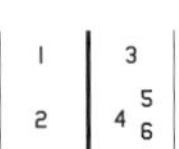


1 平面图
2 前院入口
3 设计分析
4 巷道
5 外立面
6 外墙采用再生砖、防腐竹等环保材料

# Issam Fares 公共策略和国际关系学院楼

# THE ISSAM FARES INSTITUTE FOR PUBLIC POLICY AND INTERNATIONAL AFFAIRS BUILDING

撰　文｜银时
摄　影｜Hufton+Crow,Luke Hayes
资料提供｜扎哈·哈迪德建筑事务所(Zaha Hadid Architects)

地　点｜黎巴嫩贝鲁特
基地面积｜7 000m²
建筑面积｜3 000m²
设计单位｜扎哈·哈迪德建筑事务所
设计时间｜2006年
竣工时间｜2014年

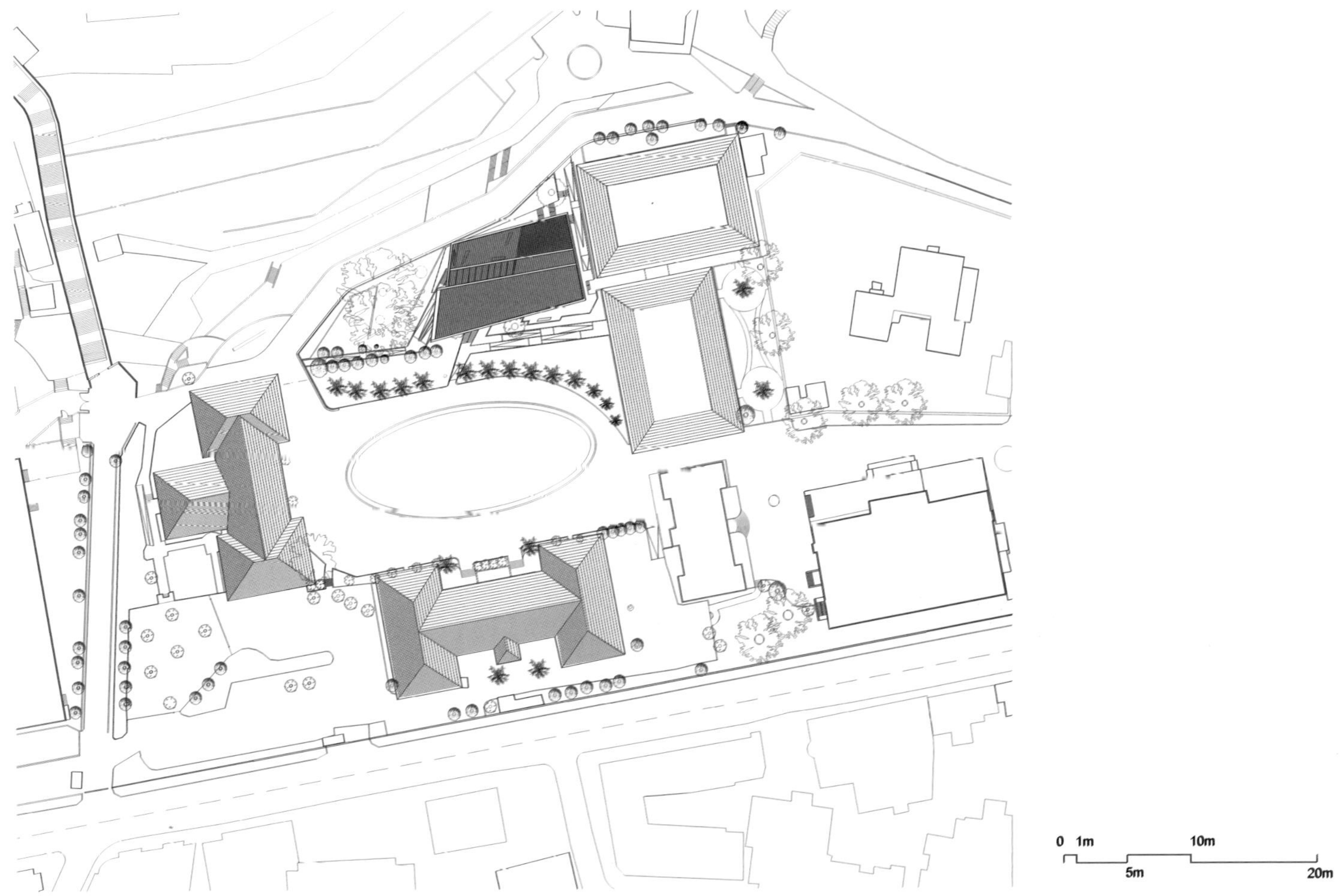


Issam Fares 公共策略和国际关系学院大楼（The Issam Fares Institute for Public Policy and International Affairs building，简称IFI楼）是扎哈·哈迪德建筑事务所（简称ZHA）的新作。Issam Fares 公共策略和国际关系学院隶属于黎巴嫩贝鲁特美国大学（American University of Beirut，简称AUB），是其正在实施的2002AUB校园总体规划进程中的一环（总体规划由Sasaki事务所主持，并与Machado&Silvetti、美国MGT、Dar Al-Handasa、Shair建筑师事务所合作设计）。AUB规划设计的主旨在于通过建设国际最高水准的教学设施，在21世纪推动AUB在学术领域的进步。

IFI楼的竞图在2006年举行，校方希望将IFI打造成一个中立、充满活力、文明和开放的空间，可以让持不同观点的社会人士聚而论道，促进相互理解并开展高水准的研究。学院将开展和推动对于阿拉伯世界的研究，并由此拓展加深公共政策和国际关系的讨论范围。AUB校董会董事长Philip Khoury指出："我们的核心目标是希望通过IFI学院的学术研究和教育工作对社会产生积极的影响。"IFI设计的基础也源于此。扎哈·哈迪德这样阐释其设计："IFI是AUB与研究者和国际团体之间的催化剂和纽带，因此我们试图将建筑打造成一个'交叉路口'，一个学生、教职工、研究者和访问者相互交流的三维互动空间，一个与更广阔的外部世界联系的平台。"

IFI楼的基地位于AUB校园内一处南北高度相差7m的区域，这是原来的医务室搬迁至新校医院后留下的一块地形条件颇为拘束的空地。AUB校园内原有的建筑多为20世纪建造的混凝土建筑，通过不同的覆层和涂料处理，展现出复兴运动和现代主义的不同风格。而ZHA的设计将大部分体块"悬浮"于入口庭院之上，极大地弱化了建筑的体量感以及在周围环境中的突兀感，保证了景观与2002总体规划的一致；同时为校园创造出一个新的公共空间，并与大学中部的椭圆形中心区乃至北边的地中海联结在一起。

这座3 000m²的学院楼可以经由多条通路到达，并通过多个节点与AUB校园相联系。设计将道路和校园风景编织在一起，场地原有的100多年树龄的无花果树和柏树与新建筑体和谐共处。在这个校园的心脏地带，造就了一个思想交流的论坛、一个枢纽平台和开展科研交流互动的区域。

两层高的IFI入口庭院融汇了多重视觉联系和多条通道，向全校师生乃至来访者呈现出开放和欢迎的姿态。这个新的交流空间是一个带屋顶的室外露台，它还荫蔽了保留下来的树木，道路在此交会——造就了一个偶遇和闲谈的最佳场所。沿着掩映在树木中的坡道可以直接到达二楼的研究室，经地面可至一楼东部研讨室、办公室及西部的公共庭院。各条道路汇集于IFI楼的中庭大厅。IFI阅读室、会议室和研究室"漂浮"在庭院之上。位于最底层的礼堂入口朝北，可容纳100人。学院在此举行大型会议和讲座时，也不会对大楼内的其他人造成干扰。大楼内部采用墨色玻璃分区，以便促进交流与互动。整个项目充分利用了当地的建造传统和现浇混凝土的施工经验。被动式的设计、高效的活动系统和循环水技术在最大程度上降低了建筑对当地环境的影响。

IFI院长Rami Khouri总结道："这座建于传统校园内的新教学楼突破了设计的界限。我们也要像扎哈·哈迪德的创新设计一样，不断拓宽大学服务于社会的界限。"而AUB校长Peter Dorman表示："这座建筑也昭示着贝鲁特美国大学不会因循守旧，我们乐于挑战传统，积极地面对变化，并不断迸发出新的思想火花。"

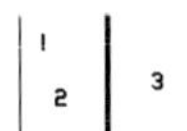


**1-2** 夜景 ©Hufton+Crow
**3** 平面图

地下层平面

| | | | | | |
|---|---|---|---|---|---|
| 1 | 礼堂公共区 | 6 | 控制室 | 11 | 洗手间 |
| 2 | 礼堂 | 7 | 储藏室 | 12 | 传达室 |
| 3 | 休息室 | 8 | 服务区 | 13 | 配电 |
| 4 | 翻译室 | 9 | 前厅 | 14 | 电梯 |
| 5 | 放映室 | 10 | 机械房 | 15 | 楼梯 |

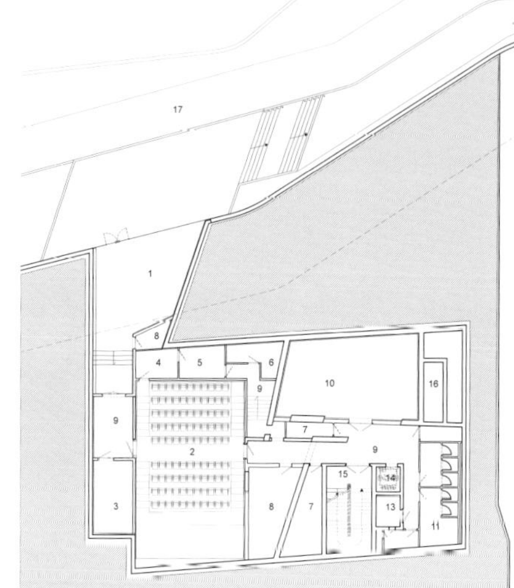

三层平面

| | | | |
|---|---|---|---|
| 1 | 研究人员办公室 | 5 | 洗手间 |
| 2 | 报告厅 | 6 | 配电 |
| 3 | 前厅 | 7 | 楼梯 |
| 4 | 餐厨 | 8 | 电梯 |

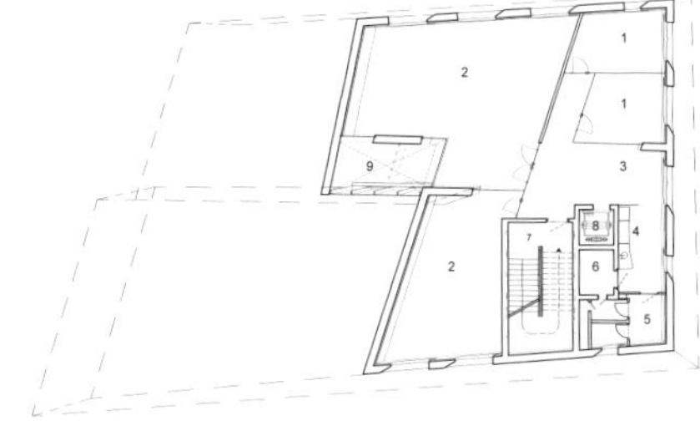

一层平面

| | | | |
|---|---|---|---|
| 1 | 研究人员办公室 | 6 | 电梯 |
| 2 | 报告厅 | 7 | 楼梯 |
| 3 | 前厅 | 8 | 硬景观 |
| 4 | 洗手间 | 9 | 软景观 |
| 5 | 配电 | | |

四层平面

| | | | |
|---|---|---|---|
| 1 | 研究人员办公室 | 8 | 翻译室 |
| 2 | workshop | 9 | Smart 活动区 |
| 3 | 前厅 | 10 | 服务区 |
| 4 | 厨房 | 11 | 洗手间 |
| 5 | 研究助理办公室 | 12 | 配电 |
| 6 | workshop 讨论室 | 13 | 电梯 |
| 7 | 休息室 | 14 | 楼梯 |

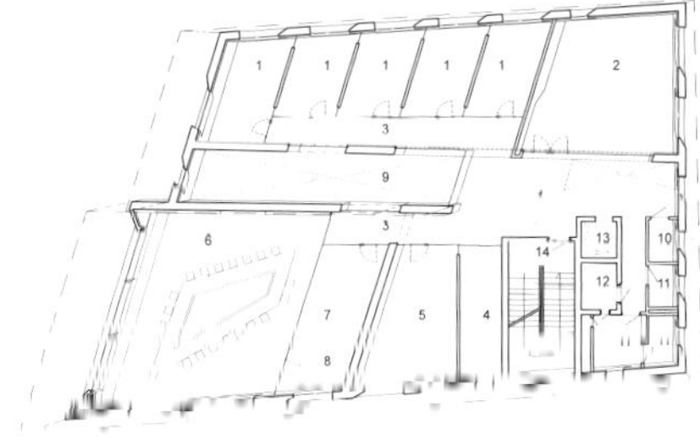

二层平面

| | | | |
|---|---|---|---|
| 1 | [illegible]院长办公室 | 7 | 楼梯 |
| 2 | [illegible]院长助理办公室 | 8 | 电梯 |
| 3 | 研究人员办公室 | 9 | 配电 |
| 4 | 研究人员休息区 | 10 | 洗手间 |
| 5 | 杂物间 | 11 | 坡道主入口 |
| 6 | 前厅 | 12 | 上空 |

五层平面

| | | | |
|---|---|---|---|
| 1 | 阅览室 | 6 | 天井 |
| 2 | 实习生办公室 | 7 | 储藏室与屋顶通道 |
| 3 | 前厅 | 8 | 配电 |
| 4 | 屋顶露台 | 9 | 电梯 |
| 5 | 洗手间 | 10 | 楼梯 |

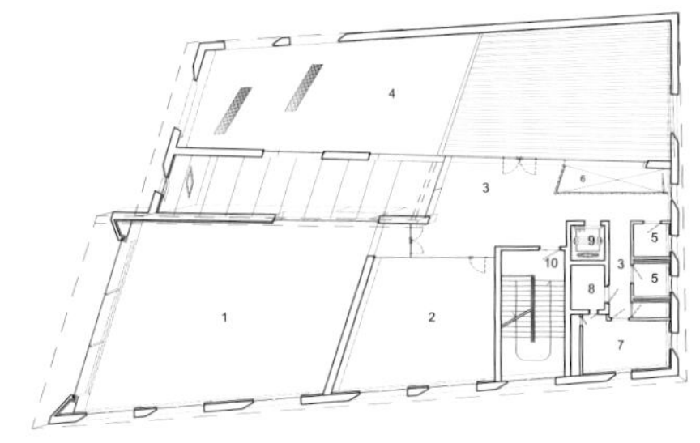

| 1 | 3 |
| 2 | 4 5 6 |

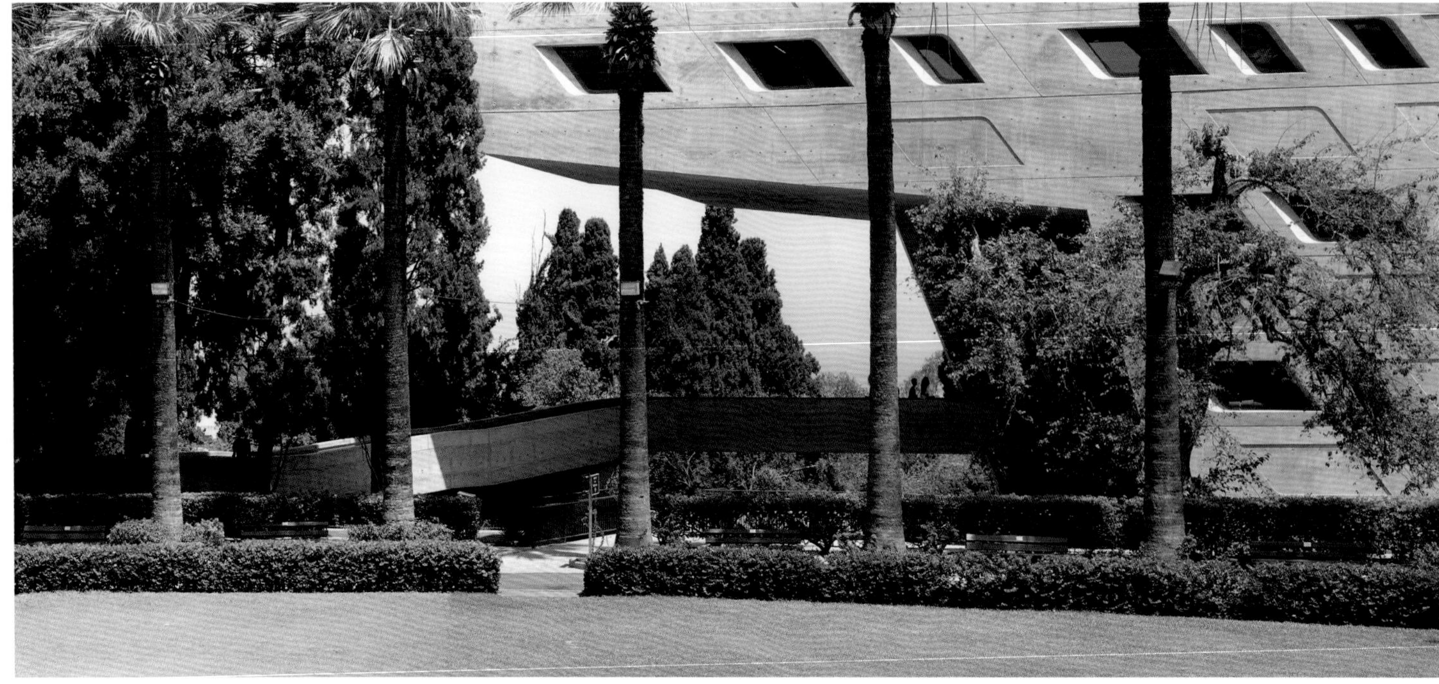

1 大部分体块“悬浮”于入口庭院之上，极大地弱化了建筑的体量感以及在周围环境中的突兀感 ©Luke Hayes

2 掩映在树木中的坡道 ©Hufton+Crow

3 剖面图

4 入口庭院融汇了多重视觉联系和多条通道，造就了一个偶遇和闲谈的最佳场所 ©Hufton+Crow

5 设计将道路和校园风景编织在一起，100 多年树龄的无花果树和柏树与新建筑体和谐共处 ©Luke Hayes

6 新建筑与校园原有建筑的衔接不显突兀 ©Hufton+Crow

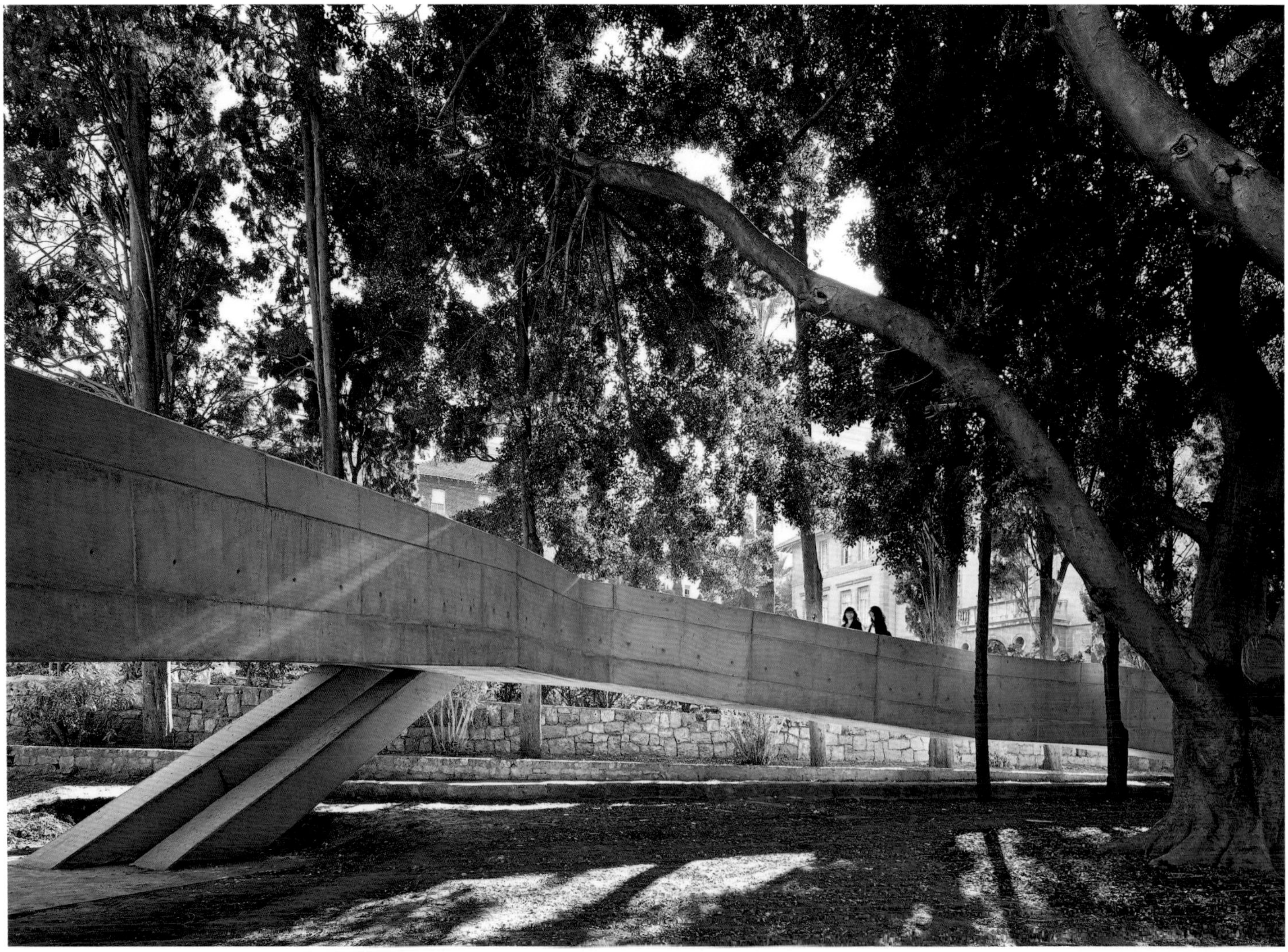

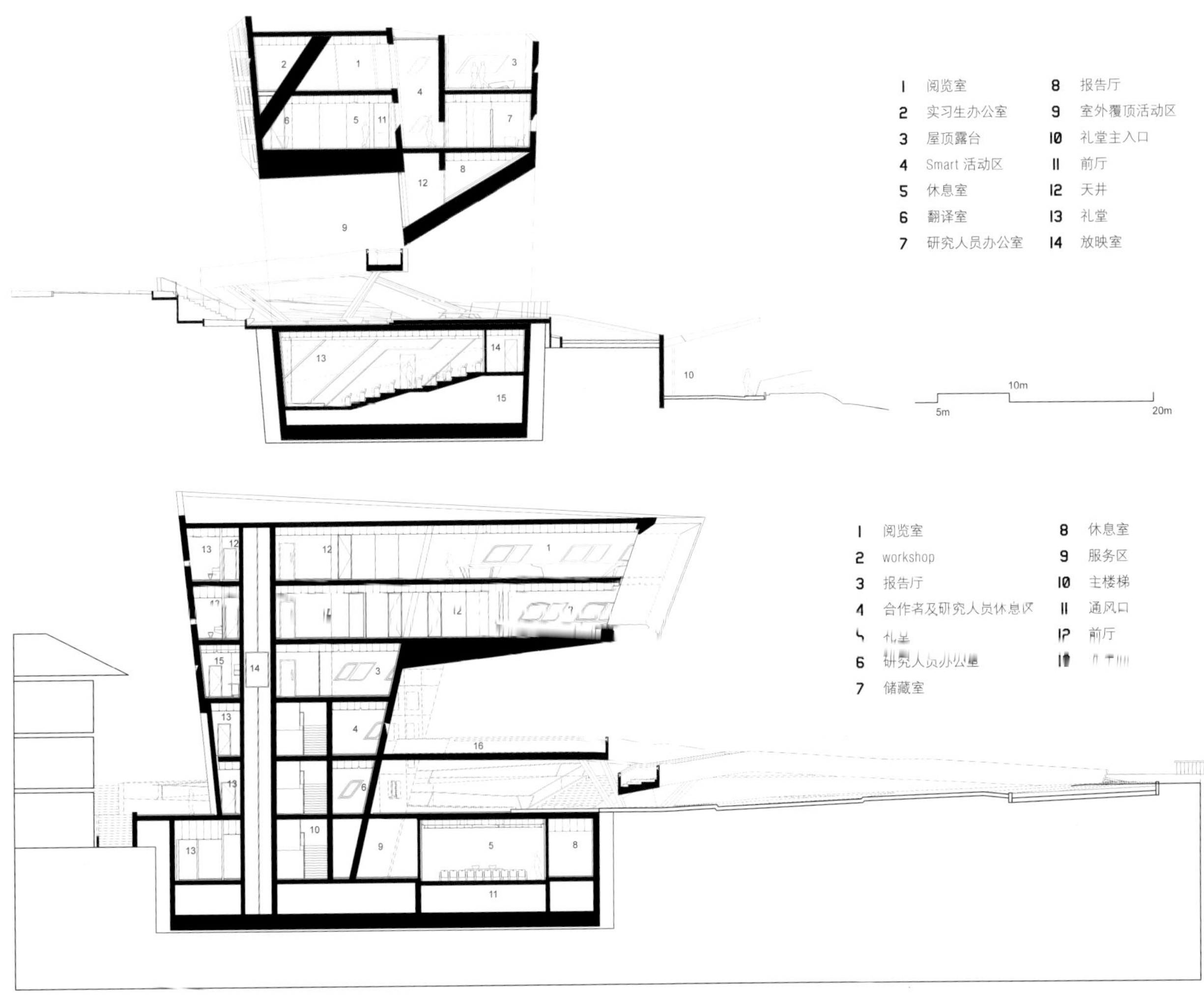
1 阅览室
2 实习生办公室
3 屋顶露台
4 Smart 活动区
5 休息室
6 翻译室
7 研究人员办公室
8 报告厅
9 室外覆顶活动区
10 礼堂主入口
11 前厅
12 天井
13 礼堂
14 放映室
5m
10m
20m
1 阅览室
2 workshop
3 报告厅
4 合作者及研究人员休息区
5 礼堂
6 研究人员办公室
7 储藏室
8 休息室
9 服务区
10 主楼梯
11 通风口
12 前厅
13 [illegible]

| 1 | 3 |
|---|---|
| 2 | 4 |

1　优美的室外景观被大幅的窗体纳入室内 ©Luke Hayes
2　屋顶，远眺地中海 ©Hufton+Crow
3　室内教学空间 ©Hufton+Crow
4　过道 ©Hufton+Crow

# 弥留实验艺廊
# ME:LIU EXPERIMENTAL GALLERY

撰　　文 | 曾志伟
资料提供 | 自然洋行建筑设计团队、弥留实验艺廊

地　　点 | 中国台湾台中市
面　　积 | 300m²
设　　计 | 自然洋行建筑设计团队
设计团队 | 曾志伟、李承育、陈莉薇、胡如燕、郭修玎、陈嗣翰、林凡榆
设计时间 | 2012年~2013年
竣工时间 | 2013年

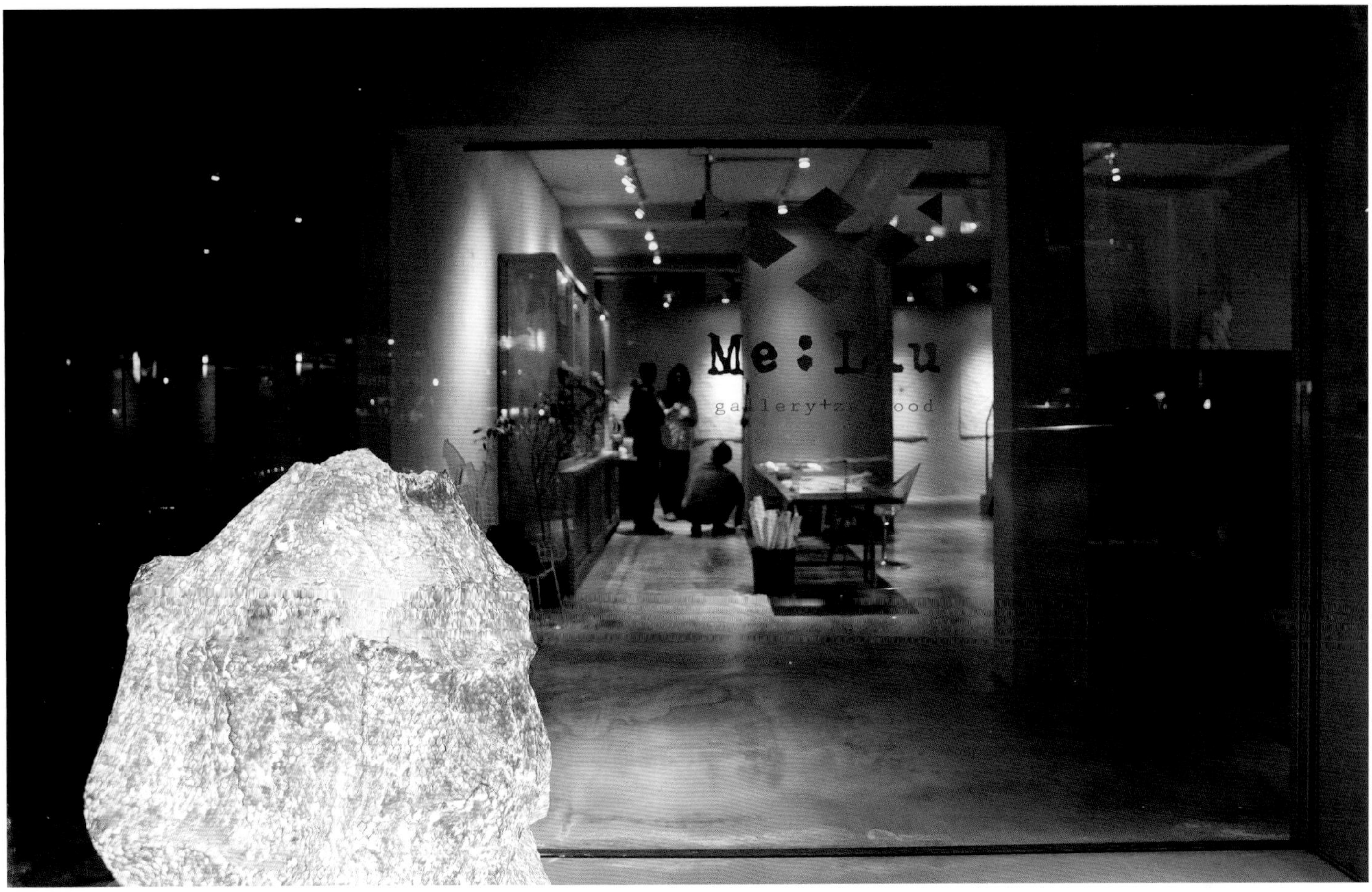

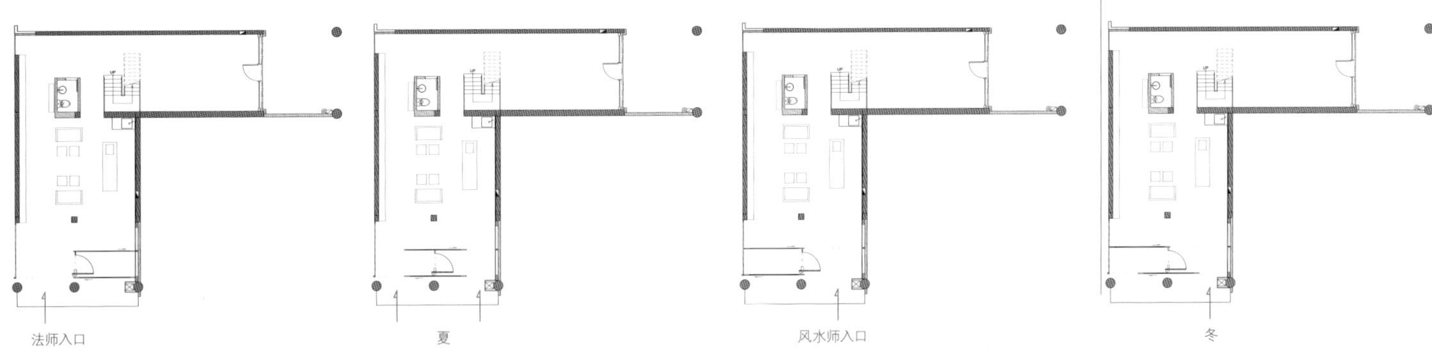


位于台中草悟道上的实验艺廊，是集合艺廊、实验厨房和创作商品于一体的艺术空间，作为都市中的复合式经营空间，需求的整合、机能的整合、厨房的、分区的判断、法师们的风水方位建议、出[illegible]空间要求，无非是一个庞大的判断和技术修练，并且以某中性无情绪风格，弹性的格局带入空间设计思维里。

舍弃相对于既有都市艺廊白色系的轻快、纯粹、精品感受，无我地成就艺术品而退隐至背景阶级，弥留实验艺廊则选择以隐晦的雾银和灰粉色系光泽，诱发某种无时间感、情绪真空状态的可能性。

采用雾银色的光泽是对于弥留光泽的想象。任何人造光反射的光泽被雾银柔化变成微华丽金属电气光泽，象是某种空间散发着自发性能量，与隐约的人影糅合晃动着，伴随着无情绪、无意识、大量水泥平敷后抛光产生的灰调，异常冷静而略显无情，或是悟道者的放下练习中。

或许将熟悉的事物变得陌生化、抽象化，但却设计抽象化的观念束缚了艺术本能和奄奄一息的火光。低物质性和朴质结合产生的大众认同感，或许不是“寂寥”而是“空愣”——[illegible]却无所多求，内化的情怀。

以艺廊主要门面入口方位来说，德高望重的法师与风水师的建议相矛盾，法师的入口指定方向为右侧、风水师的入口指定方向为左侧，于是发展特殊的入口设计演变。在未来，法师来的时候艺廊便打开右侧大门迎接；风水师来时则以左侧大门迎接；艺术家的策展便趋向自由的中间或橱窗式的随意开启，另外也随季节的改变可调节入口方式。

二楼的仙仙佛佛实验厨房，厨区的道具和家具、饰物来自爪哇岛、峇里岛和台湾的综合性二手老旧材料恣意组合。

艺廊开幕首展《Lumière・光》是空间设计概念的延伸、也是主题之一。留法的艺术家王紫芸运用空气、湿度、光、皮层、吹、粉尘、抹、搓、采、飘、拼、黏、啃蚀、焦虑、时间感创作出一系列当身躯承载不可承受的负面能量（恶症）时，借由假想性的精神发展出另一个焦虑的皮膜躯体作为对决，透过某种自我弥留疗愈下的作品，并产生巨大的华丽能量剩余。

实验艺廊规划最终希望保留艺术可能疗愈的宗教感，也继续对现世繁华、对自我、不断释疑，趁一切还来得及，亦或者，可能成为过去。END

1 室内天井
2 入口橱窗
3 入口[illegible]

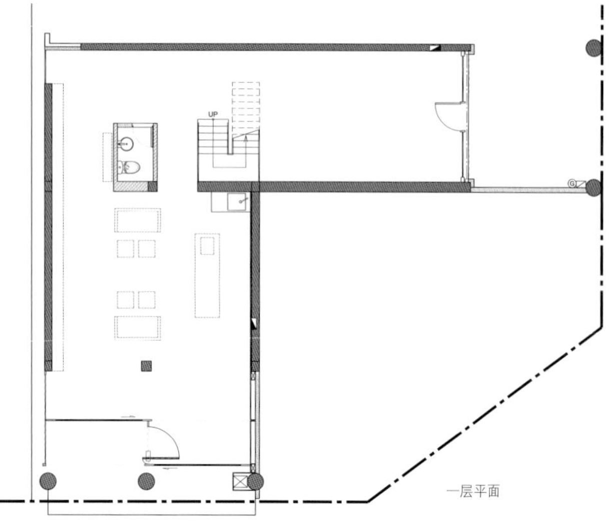

一层平面

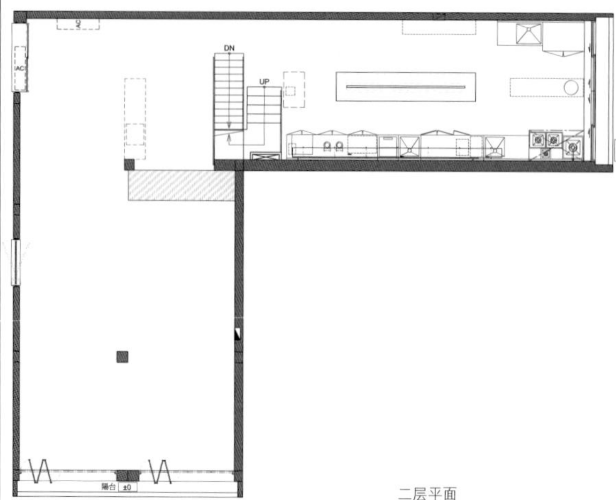

二层平面

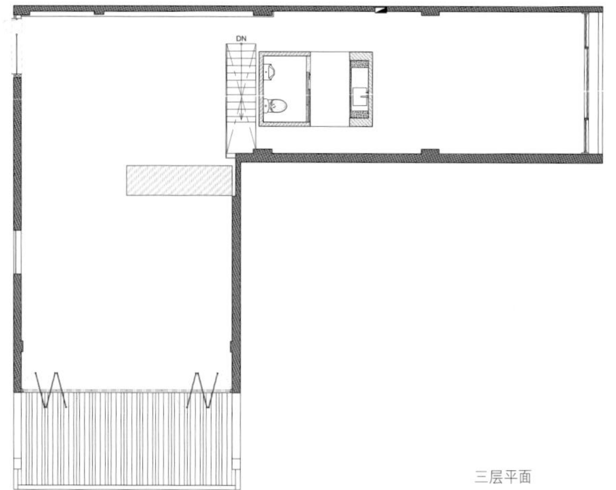

三层平面

| 1 | 3 4 5 |
|---|---|
| 2 | 6 |

1 平面图
2 一楼独立商店
3 独立商店柜台
4 楼梯
5 实验艺廊空间
6 实验艺廊－展出《火气清凉》

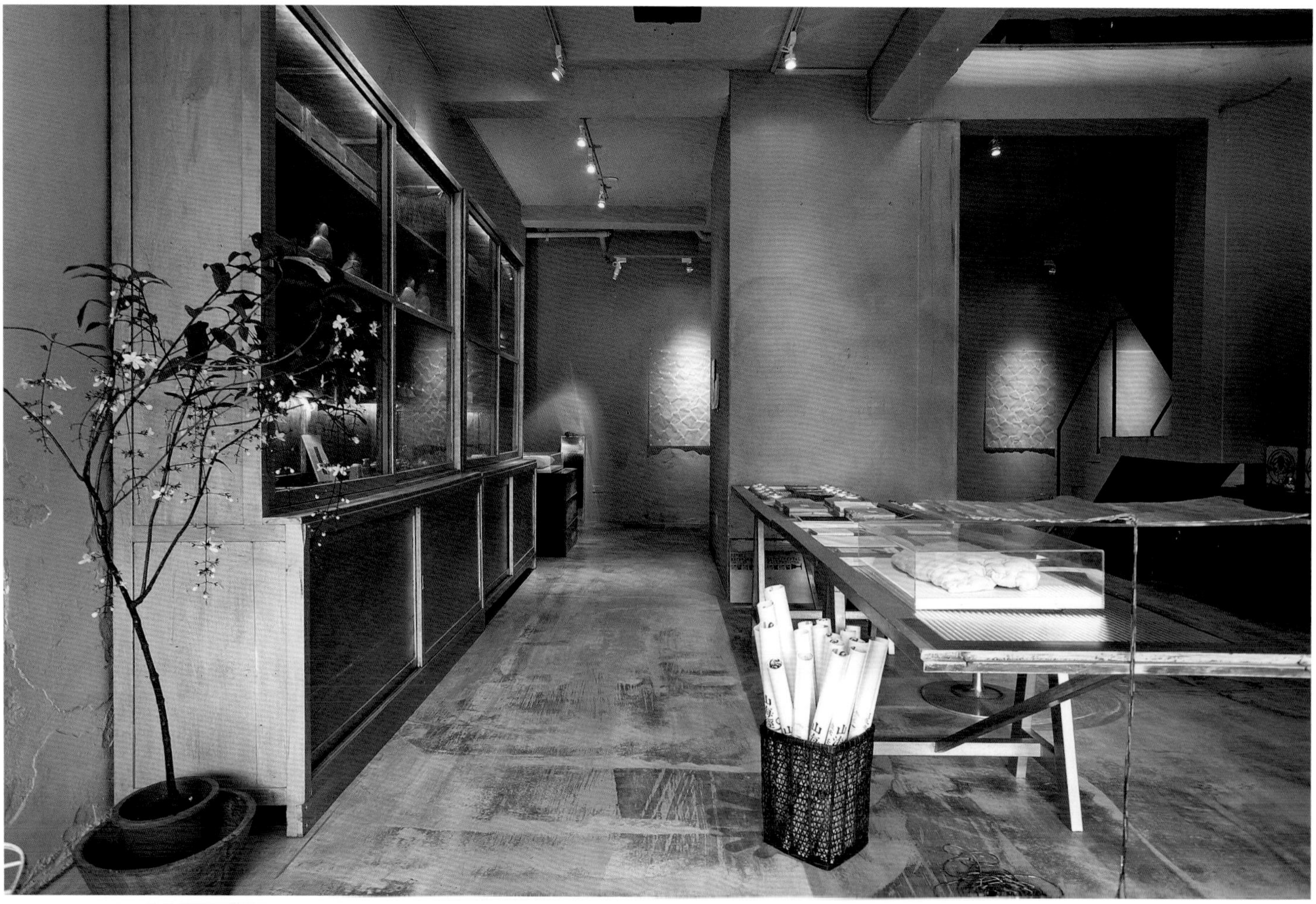

| 1 | 5 |
|---|---|
| 2 3 4 | 6 |

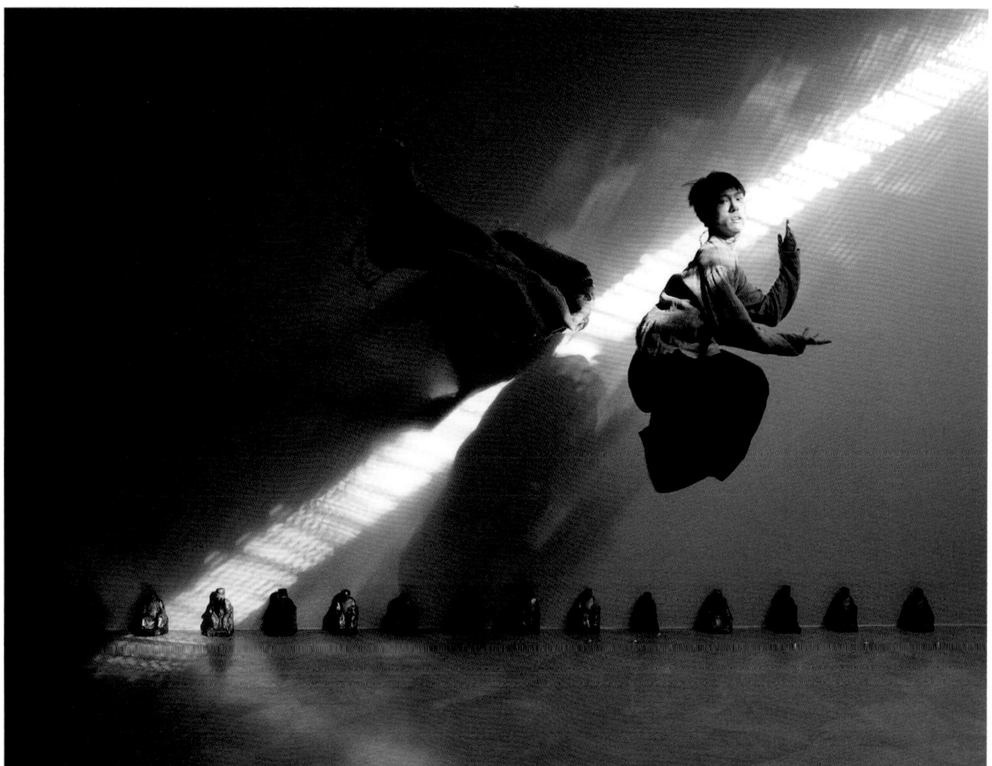

**1-2** 仙仙佛佛实验厨房
**3** 空间一隅
**4-6** 实验艺廊展演空间

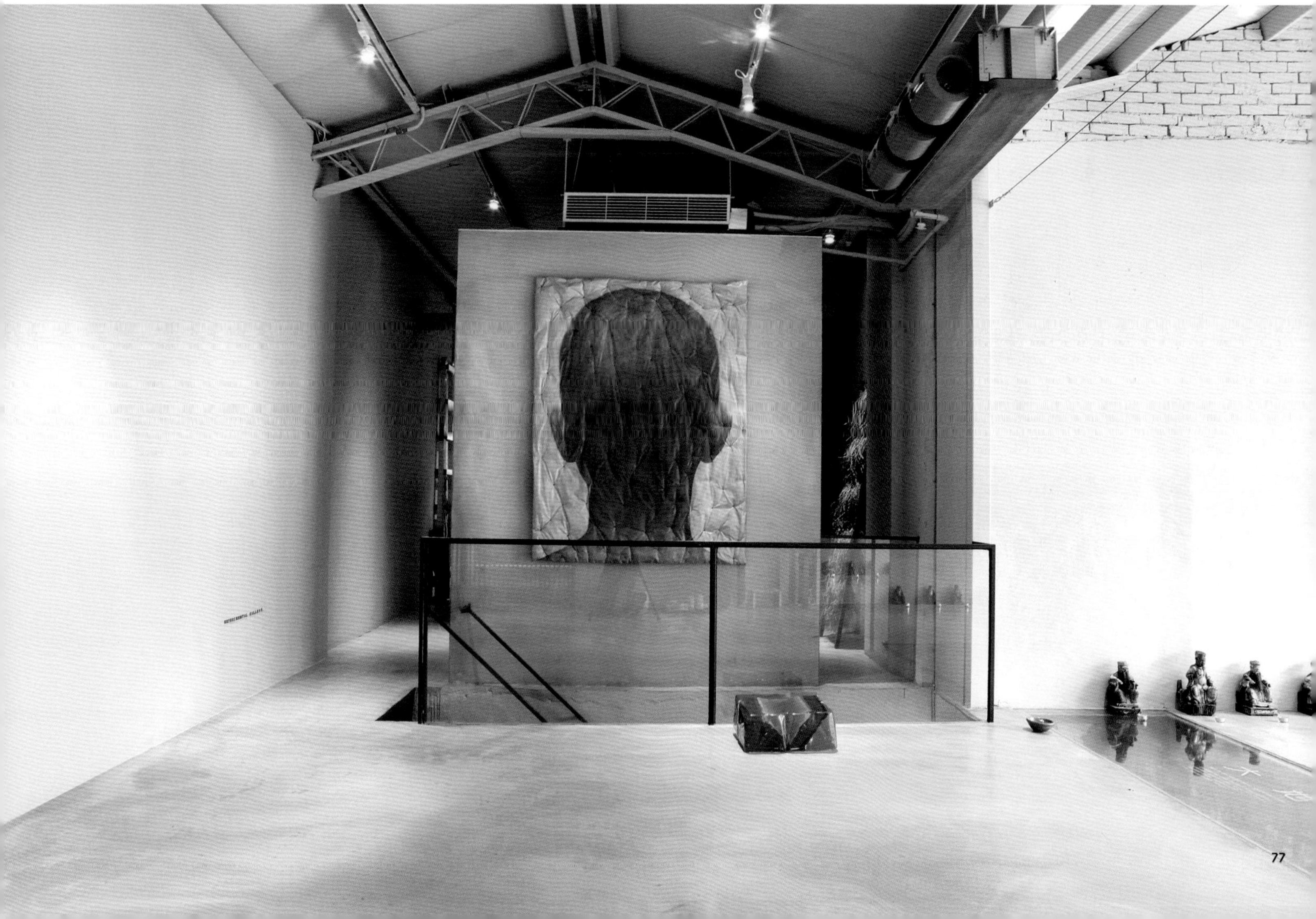

# Daoiz y Velarde 文化中心
# DAOIZ Y VELARDE CULTURAL CENTRE

| | |
|---|---|
| 撰　文 | 银时 |
| 摄　影 | Alfonso Quiroga |
| 资料提供 | RAFAEL DE LA-HOZ建筑事务所 |

| | |
|---|---|
| 地　点 | 西班牙马德里 |
| 面　积 | 6 850m² |
| 设　计 | Rafael de La-Hoz Castanys |
| 建造时间 | 2007年~2013年 |

Daoiz y Velarde 文化中心是一个改造项目。它的前身是 Daoiz y Velarde 军营综合设施的一部分，改造的目的是为了保护这座建筑，令其成为马德里工业与军事历史遗产保护的一个代表性典范。建筑师 Rafael de La-Hoz 主持了这个改建项目，其设计充分保留了原有的建筑风格。

从一开始，设计师的理念就是要尊重原有建筑的基本几何形体，砖墙砌筑的外立面和锯齿形金属屋顶都被保留下来；内部则被完全清空，创造出作为文化中心的空间。内部空间被划分为两个区域，顶层的区域是通透的开放层，下层的区域则承担展览和剧院的功能。两个区域虽然有着各自的入口和活动空间，但是其中又有着强烈的视觉连贯性和空间连接性，不同功能区域之间的交通动线联系紧密，这样也就在容纳不同活动的同时，也具有了交集的可能。

新植入的“芯”空间将原来的建筑体与新的功能空间分隔开来，保留了老建筑的个性特质，也为古旧的建筑体加上了一个保护层。交错的空间呈现出视觉上的关联性，而且也带来了丰富的空间体验。

在入口处，设计师设置了一个大型公共区域，这个区域可被用于集会、信息发布和展览，形如一个有顶的广场，就好像是室外公共广场在建筑室内的延伸。而屋顶则被加以高科技手段处理，使其能提供最佳的通风和采光条件。

项目另一个值得一提的是其在可持续性和节能环保方面所做的努力。针对提高能源利用效率和获取可再生能源整合上的设计，使这个从前的老工业区和废旧军营建筑焕发了新的活力。保留砖墙和金属屋顶的同时，新搭建的混凝土结构被用来安置暖通设备。这样，空间中原来的屋顶横梁和金属钢架都可以照旧安置，和建筑内部的其他部分共同保证了建筑的完整性。清洁能源地热的持续能量被用于调节建筑温度，地空换热器会对最初的循环空气进行预处理，这将会使成本比传统空调系统降低很多。END

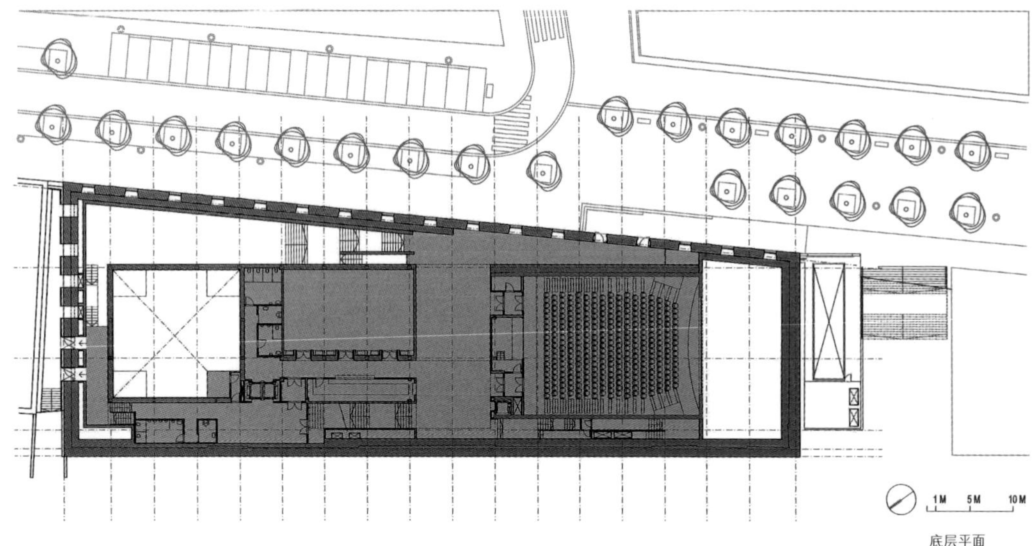

底层平面

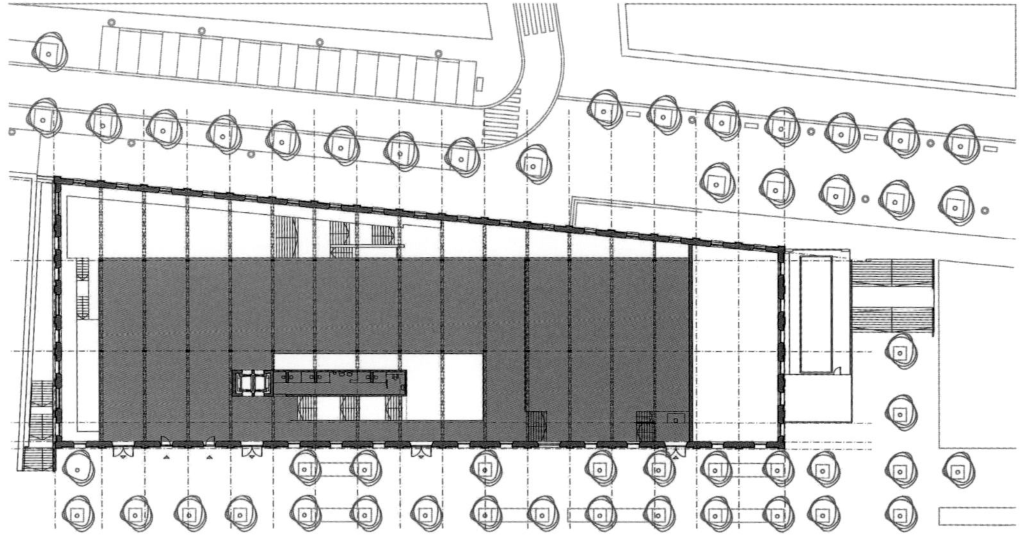
通道平面

| 1 | 4 |
|---|---|
| 2 3 | 5 6 |

**1** 平面图

**2-3** 建筑外观，砖墙砌筑的外立面和锯齿形金属屋顶都被保留下来

**4-5** 新植入的"芯"空间将原来的建筑体与新的功能空间分隔开来，保留老建筑特质并为古旧的建筑体加上了一个保护层；同时交错的空间呈现出视觉上的关联性

**6** 底层展示空间

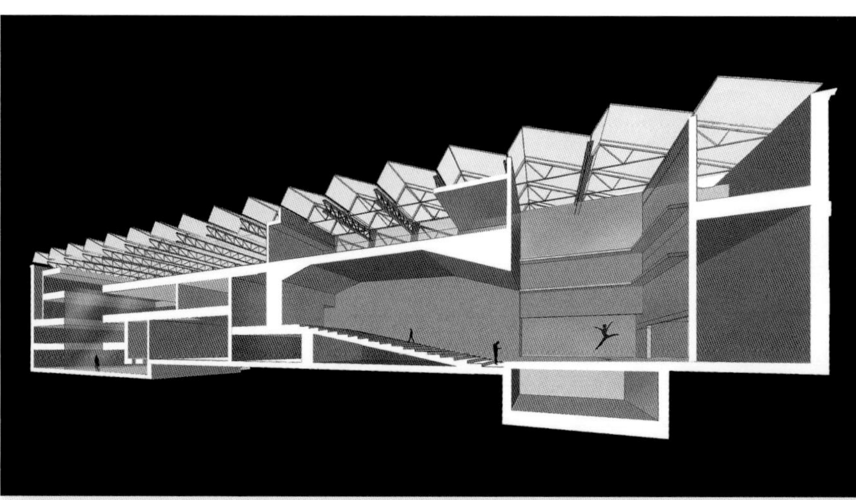

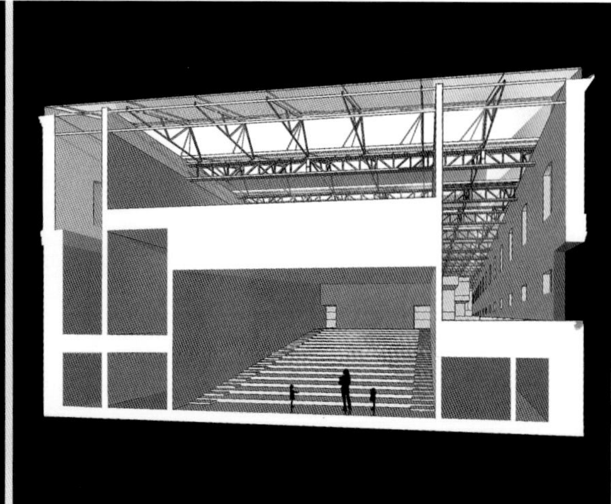

| 1 2 | 4 |
|---|---|
| 3 | 5 |

**1-3** 顶层为开放层，底层区域则承担展览和剧院的功能，它们各有入口和活动空间，但又被之间的交通动线紧密联系，保持着一致性

**4** 透视图

**5** 通透的顶层开放空间，金属桁架交织出几何美感

# 孙华锋：随顺与坚守

撰文 | 李威

孙华锋

室内设计硕士、高级室内建筑师

参加团体及担任职务：

中国室内设计学会（CIID）副会长

中国建筑装饰协会设计委员会 委员

亚太酒店设计协会（APHDA）理事

中国建筑学会室内设计分会第十五（河南）专业委员会主任

河南鼎合建筑装饰设计工程有限公司总经理

河南省中青年专家组专家郑州轻工业学院硕士生导师

获奖（近年）：

2012 年获“亚太酒店设计十大风云人物”荣誉

2012 年获“中国室内设计年度影响力人物提名奖”荣誉

2012 年获金堂奖“年度优秀餐饮空间设计作品”奖项

2011 年获金堂奖“年度十佳餐饮空间设计作品”奖项

2011 年获 CIID 中国室内设计大奖赛商业工程类铜奖

2010 年获金堂奖・2010 CHINA-SIGNER“年度优秀休闲空间设计”

**ID** =《室内设计师》

**孙** = 孙华锋

# 寻路，求索自己的方向

**ID 洛阳是文华荟萃的千年古都，成长在这样的城市环境中，对您的人生有怎样的影响？**

**孙** 洛阳不仅是古都，也是建国以来第一个真正的移民城市。那时来自全国各地的高级知识分子汇聚在洛阳，我从小居住的街区知识分子密集度极高，好多部属设计院都在那一带，文化氛围特别浓厚。我还记得上学时全班以听古典音乐为荣，谁要是说不出演奏的曲目就会被嘲笑。那种潜移默化对我后来的人生影响还是比较大的。

**ID 您大学学了建筑，但后来从事的却是室内设计，是因为建筑读下来不符合您的预期吗？**

**孙** 当初选择专业是受学建筑的同学影响，而且我自己也从小喜欢古建筑，喜欢画画。我在大学接受的是传统的学院派教育，老师大部分来自同济和天大，我觉得还是很好的。转攻室内也是巧合，一个大学同学没有去被分配到的市设计院，而是进了一个很有影响力的装饰公司，我去看他的时候，他在那儿画图，我看了觉得很有意思，自由度也比较大。而我当时工作的设计院做工业类建筑设计比如厂矿配套之类比较多，不大有意思，就决定改弦更张了。

**ID 那时国内室内设计也是刚起步，真正进入到这个行业也经历了不少困难吧？**

**孙** 我进公司经历的第一个项目就是开封第一家三星级酒店，当时市民都没见过那么豪华的酒店，我们老总带着我去做，那时觉得挺有成就感。但是早期整个行业不承认设计，直到1995年左右才开始有项目付设计费，但也很少。设计师基本就是装饰公司的附属品，给装饰公司画图，他们想给多少就给多少，有时简直就有种要饭的感觉。做项目自由度也比较低。我印象很深的一个项目是中石化的炼油设计院宾馆二期改造，负责项目的总建筑师在大学里给我们带过课，很支持我，基本按照我们的意思做，效果很不错。但更多的项目业主是很有“主见”的，不让你发挥。所以到后来基本所有设计师都觉得这样实在没意思，而且也活不下去，有不少人就硬着头皮接工程，挣到第一桶金就转行了，流失了不少有才华的设计师，很可惜。

**ID 您1996年就加入室内设计学会，算是非常早的了，是否也跟当时那种环境有关？**

**孙** 我真的是学会特别老的会员了。在杂志上看到有学会这样一个组织，立刻感觉这就是我的归属。因为当时河南的设计水平相对落后，我就很想与国内的高手们交流学习，学会就提供了这样一个平台。25年来，学会对中国室内设计的推动真的可以说是居功至伟，在纯学术的倡导方面做得非常好。

**ID 到了2000年室内设计已经开始走上发展繁荣期了，您怎么反倒重返校园了？**

**孙** 原因很多。那阵子突然就厌倦了。我从1995年做完当时颇有影响力的亚细亚商场项目就留在了郑州，1997年在郑州已经有自己的公司了。设计项目越来越多，规模都很大，类别也很多。到2000年我就觉得做不下去了，觉得做的不是我想要的设计。我当时挺喜欢看一些前沿的设计作品，思想比较前卫，但是这些想法往往不被接受。而且那时候我还得花好多时间管工程，我又不太擅长这些跟各色人等打交道的事情，觉得很厌烦，干脆就来上海读书了。

**ID 上海这段经历解决了您的困惑没有？**

**孙** 在上海六七年，这段时间的经历对我后面的创作也是一种积淀，我最高兴的是有时间读了很多书。还有就是遇到了研究生班的同学尹春林，我们一起开公司，合作了三四年。我觉得我这四十多年最大的幸运就是遇到的合伙人都特别好。老尹设计做得好，思想活跃，很有艺术家气质，跟他一起很开心，也学到很多。那个阶段好像有点憋在瓶颈，总是出不来，很多想法也不知道该怎么用出来。但当时也做了些不错的项目，有几个到今天我都很喜欢，比如和成卫浴在中国大陆第一家旗舰店，还有上海农垦博物馆，都属于简约风格，跟我现在的作品差别很大。虽然那时流行的是所谓欧陆风、简约风，但老尹看出了我对传统文化的喜爱，他就对我说，你应该坚持走自己的路。我离开上海之前的最后一个项目，北京天利大厦，已经开始表现出传统文化和简约风格结合的倾向。

# 忘形，寻找意象的境界

**ID 走到今天您是否总结出了到底什么是您想要的设计?**

**孙** 我几乎是跟着中国室内设计行业的成长一路走下来的。早期流行欧式，都快做恶心了，但最大的好处是练出了基本功，比例关系啊、色彩搭配啊，强化到了。后来简约风进来，我们做极简，又做熟透了。2007年我回郑州，正好赶上河南经济开始发展，当时河南的业主也意识到付设计费是必然的，整个氛围让人感觉很好。那个时期赶上民族风复兴，河南是文化大省，回归更强势一些，我们所接的好多单子都是要求做中式风格的。另一方面，我的合伙人刘世尧特别擅长传统风格，我也受到他的影响，这样就导致我们公司好几年都比较专注于中式风格。时间长了，我们也慢慢从传统文化中汲取了很多营养。很多领悟其实年轻时体会不到，看老先生品茶斗茶，觉得很无聊，到自己开始涉猎，才明白中国传统文化的妙处。人们常常形容设计师的思路是“天马行空”，我觉得这个形容词挺好，但不应该是贬义。中国传统文化讲究意境，之前整个国家学术倡导都是做中国风的设计，但多是走了符号化的路子，把老祖宗的东西搬来搬去，有种穿西装戴瓜皮帽的感觉。我们在消化吸收传统文化的过程中就慢慢找到另外一条道路，那就是传统意象，我觉得意象化的设计更符合我们想要的。

**ID 这听起来颇为玄奥，我看您还提过“设计是空”的说法。**

**孙** 对。我们跟少林寺比较近，听僧人们讲讲禅学，也从中受到不少启发。我们这个年龄的设计师做设计，有点像金庸武侠里面讲武学，应该归零了，而不是再去追求一招一式。忘掉所有招式，更加从切身环境、从这么多年的修炼去出招，虚的、空灵的、意象的东西会更多。

**ID 这种意境层面相对可能更不容易把握，能否具体阐释一下?**

**孙** 也不是特别难。首先是对传统文化的理解。现代很多对中国有影响力的欧美建筑师，他们对空间的理解其实是相通的，赖特也好，格罗皮乌斯也好，丹下健三乃至我们国内的大师，其思路界限并不大，只是地域文化的差别在表象上会有一定差异。你去好好体悟中国传统文化，比如看诗，比如自己冥想，好多东西会自然衍生出来。有的设计师搞一些符号元素，搬一个门扇、一个窗棂，只是摆在那里作为一个装饰。用意象是怎样用呢？举个例子，唐代诗人常建的诗中有这样一句：“清晨入古寺，初日照高林。”这就描述了一种意象，清晨的薄雾里，阳光透过高高的林木洒下来，林中雾气蒸腾……这体现在我们的建筑空间里，可以比照灯光的运用，光洒下来的方式。再比如水景，在现在的室内设计中需要更灵活地运用。例如曾经轰动一时的上海璞丽酒店，它的总服务台背靠玻璃，玻璃后面是园林，在传统风水上讲属于背后无靠，但实际他是把园林作为一幅背景画面来依靠，画里还有山有水，水又能聚财，这样也能解释得通，效果也很好。所以中国的事情不是固守一个模式，也不是用一种狭隘的观点去理解，其可变性、延展性更大。所以用中国传统文化思想来处理现在的空间，不是说要做的完全复古。就像这几年我经常批评中国的寺院建筑，几千年来完全没变化，其实应该变，应该与时俱进，因为每个历史时期，气候、环境、人文、建造技术、社会心理都是不一样的。

现在好多新建的寺院建筑越做越假，形式化娱乐化越来越强，失去了寺院作为一个宗教空间应有的精髓。我觉得这也反映出现在中国设计行业的一个弊病，就是建筑设计与室内设计的割裂。首先从建筑教育阶段，室内方面就比较欠缺；建筑师对室内不了解，所以像宗教建筑这类就不容易做好，因为对空间、对神灵的感觉，是要通过空间意象而不是建筑形式来表达的。先要理解人们进入寺院要做什么，寺院本身的功能、空间的形式和心理过度的形式要做好，然后才是外部壳体的形式。同时，整个体制也存在问题，本来建筑设计和室内设计在方案阶段就需要碰撞，但往往业主或设计方出于成本或怕麻烦的考虑就忽略了，宁可建好之后室内设计师再进来重翻一遍，对资源和时间都是一种浪费。

# 雅苑茶会所

这不是一座房子，不是一个空间，不是一处风景，它是一颗隐藏在繁华城市中宁静的心。心无物欲，即是秋空霁海；坐有琴书，便成石室丹丘。意境饶人回味。

本设计为两层新中式风格的会所，以脱离商业化，营造舒适感受为目的。结合现代简约的设计手法，融入现代东方人文气息，水泥地面、原木色调、简约、禅意交相呼应，展现出的空间感受——安闲自在、佛性禅心。

# 静心，回到设计的本质

**ID 说到这一点，我们也一向耳闻您是设计圈有名的“意见人士”，您觉得现在行业中存在的问题主要有哪些？**

**孙** 去年年底，各大奖项走马灯般颁完以后，我有感而发，写了篇文章来批评整个中国设计界，被媒体朋友称为“毒舌”。这十年来，“钱途”看好，各大院校的室内设计专业激增，连畜牧学院都开环艺班，学生铺天盖地，良莠不齐，不可避免地导致僧多粥少，大家都来冲击市场，抢食的时候就容易失去底线。我觉得现在最大的问题就是市场乱七八糟，设计师投机取巧。好多获奖作品，就是靠揣摩明星作品或未来会流行的样式，模仿来做，根本不是设计师内心的表现。这样的设计往往令人乍一看很惊喜，评委可能也没很多时间细致深入地看，就把奖项颁给他了。可是你再往后看，当做一些需要考验功底的设计时，他们的破绽就露出来了。功底不扎实，做简约风格可能还能震住人，让他做一个中式或欧式的设计，马上就出问题，比例关系什么的都会出错。年轻设计师书读得太少。我们公司近些年就号召年轻设计师多看书，特别是室内设计以外的相关的书，不管是服装设计、视觉设计、建筑设计，包括相关传统文化的书或大师自传，乃至电影，从中都能汲取到有益的东西。现在年轻人什么都网上一搜，要么就是热衷于参观。满世界都是中国设计参观团，成群结队到处去看。我有次问一个年轻女设计师，你们全国全世界各地的跑，有没有找到自己的东西？她说，古话不是说么读万卷书不如行千里路嘛。我说人家那是看完书才行的，或者行完再看书，你不能把两者分开！你们看来看去，最后还是拿来主义，所有东西凑到一起拼一拼就成自己的了……坦白讲，我们自身到现在也有这样的问题，但是我觉得必须要慢慢摆脱这种局面。

还有一个现象我觉得也很可悲，需要痛批——很多设计师到45岁以后就不大会亲自做设计了，当总工、搞社交，公司的项目顶多过一眼。老外是45岁以后觉得真正的设计生涯才开始，我们45岁就成老朽了。这很可怕！正是精力最旺盛、能量爆发的时候，你躲到一边去了，每一茬都是青黄不接的年轻人冲在前面，这样怎么能出大师呢？很多时候设计师们坐在一起，就是比房子比车，不炫富反而还要被鄙视。再好的车根本上说无非就是个代步工具，我也能理解这年头以貌取人、以车取人，注重这个也有情可原，但不能忘了自己的根本——你是靠设计说话、靠设计生存、靠设计影响社会，设计的本职工作还是不应该丢。

**ID 您觉得对于这些现象应该如何引导？**

**孙** 一方面是设计师自己要清醒。我朋友的单位前两年走了个设计师，赶上那时候中国经济形势特别好，挣上钱了，买房买车，就到原来的单位里去炫耀，搞得一片人也跟着跑，但真出去了不是那么容易的，最后混得很落魄的又要回去。好多事是因时、因人而异的，外界一风吹草动就心思浮，吃亏的还是自己，还是要静下心来。现在好多年轻人没有静气，比如我们招聘时问到工作多长时间，对方说哎哟好长时间了，都两三年了，经历过好多什么什么项目了。我们听了都觉得可笑。我说我们公司一个设计师的成长期起码5到8年，他一听你们这太长了，受不了。其实设计真的是需要沉淀，需要阅历，需要你思想上的咀嚼消化的。

另一方面媒体也应该有正面的引导。很多时候媒体出于商业利益或者噱头的角度，过度宣传设计师那些比较务虚的“悠闲潇洒”的生活，让你只有羡慕设计师会享受的份儿，产生一种错误的认识，就是要努力挣钱，到这个年龄就可以去玩了。媒体还是应该多展示设计师真实的一面，倡导设计师回到一线做设计，或者好好把经验传授给年轻人。我知道现在媒体生存也不易，只是希望在可能的范围内多探讨设计走向，探讨如何解读大师作品，探讨如何看待国内老中青各层面设计师们的思潮和困惑。而不要只关注名家名作，搞得各个杂志重复的内容都很多；或是刊登过多境外设计作品，而这些作品很多在中国不可能实现，只是作为一种猎奇，学术价值不大。

# 东方国际

济源，“愚公故里，济水之源”，是传说中愚公的故乡，也因济水发源地而得名。五星级酒店大多周期过长而让设计师爱恨交加，项目过大也同样让业主给设计师各种各样的束缚。酒店的设计概念与济源的山水城市、与自然息息相关，酒店空间遵循地方文化，传统与现代相结合，历史的提炼与时尚相得益彰，依照建筑的弧形形态，形成地面的弧形分割。合理的动线设计、人流的有组织分区，让这个长龙般的建筑活跃起来。大堂弧形主背景同地面石材，寓意济源山水城市，并形成大堂空间的气魄。酒店入口高大的落地玻璃隔断，让身处室内的人感觉宽阔轻松，不仅形成酒店内外的空间过渡，并提升了酒店对临街的开阔度。大堂两侧近 10m 高的木质传统雕花屏风不仅保证了二层中餐区的私密性，同样体现空间的大气，灯光色彩变幻的紫薇花为空间注入了活力，更加贴近自然。舒适的色调及材质的搭配，配合巧妙的灯光照明，营造舒适的空间氛围。

整个空间突出自然与人造元素的精心配合，体现与自然相关的宽阔空间，满足了人们视觉与心灵的需求。(本项目拍摄时陈设只完成了三分之一，所以最后基本素面对人)

## 云鼎汇砂 万象城店（一期）

云鼎汇砂是几个年轻人创业的连锁餐饮店，起初因店小不太想做，但经不住创业者的真诚，2013年做了一期店。几个店各不太相同，市场反应很好。

今年二期店希望能够更加增加识别度和升级改造，这种店业主都希望小投入，资金有限，所以如何降低造价和效果结合是重要的。来就餐的人群大多居家或朋友小聚，不可太酷又不可过于传统，所以更多的灵感来自随手拈来的普通材料和对生活时光的联想，如一期店的“火烧云”（铝丝和红色玻璃）、旧报纸，二期希望能有所改变如用钢筋做的“雨后彩虹”，但在钢筋、砖瓦之中每个店又都有不同主题的城市变迁的照片绘画穿插其中，希望客人就餐之余有所念想。

美食，体验，幻想，思考……留给食客不仅仅只是食物，还希望能多一点点就餐之外的东西。

# 明道，体悟过程的意趣

**ID 您曾谈到会生活的设计师才是真正的设计师，怎么样算会生活？跟经济基础是否关系很大？**

**孙** 可以参考古书里记载的古代文人的生活。古代人比我们现代人更会生活，比如我们看永乐宫壁画，里面描述的生活方式，有文化又有逸趣。什么样的人算会生活的人？我觉得首先观其心，需要静时可以很寂静，需要激动时可以很澎湃的人；工作和生活分得很开，工作时很勤奋，工作之外合理安排时间去享受生活的人。他可能没有钱，但他有时间了就可以背起行囊哪怕徒步去旅游，用最差的照相机，拍他感兴趣的东西与人分享。他可能买不起古董，但他可以收集蝴蝶、火柴盒、烟盒，还能讲出门道，乐此不疲，不是为了炫耀。有钱当然可能走得更广，玩得更高端，但快乐的本质没有分别。

**ID 可是没有一定的经济能力可能体验不到某些生存状态和生活方式，比如没住过五星级酒店能否做好五星级酒店的设计？**

**孙** 可以说没有相关的体验确实很难做。设计是一个体验往实际转化的过程。以前我们有个业主，他们家大概800多平方米，请了一个设计师来做设计，把平面图拿给我们看，光平面就填不满，他没有这个体验。那我也没住过，为什么能做呢？是因为我们会去研究住800m$^2$房子的人是什么心态，他的生活方式，这个体验不一定是拥有，而是从你所能接触到的一切相关资料去研究。设计师有机会有能力还是应该尽量去体验，无的放矢很容易走偏。像以前我们年轻时没有钱，会几个人凑钱去住五星酒店。现在我们公司就会带着设计师去体验，去年我们全公司去度假，住高端酒店，去游泳，去放松，享受生活。我们平常也不鼓励加班，很多公司一年四季在加班，每天画到12点，这没有生活了。我觉得没有生活的设计师也不可能把设计做好，因为缺乏丰富的生活体验。商场、咖啡馆都不进，感情都没有，怎么能做出有感情的空间。

**ID 谈谈您对未来的打算吧，无论是公司的还是您个人的。**

**孙** 对公司的话就是努力培养年轻人。现在我们就在通过各种方式带年轻人，比如每周都会请人来做茶艺、琴道、鉴别古董等各方面的讲座；我们还定期让员工上台演讲，然后点评，锻炼他们的表达能力。还有在面对实际项目时，我自己做方案的同时要求年轻人也去做，一定时间后开方案讨论会，每个人都要讲自己的方案，然后总结有哪些优劣、怎么结合运用，有可能你这次的方案全部被否定，但下次就会有改进，慢慢就可能比我做得好。我愿意把更多工作放给年轻人，让他们成长起来，能够独当一面，最好都能变成合伙人，共同搭建这个大平台。企业不是一两个人的，是全体员工的，大家共同经营，设计师个人和公司才能在设计这条路上走得更长远。

至于我自己，希望能渐渐从事务性工作中脱离出来，每年做一些自己特别喜欢的项目，亲自操刀每个细节。要做真正有中国意韵的设计，我还有很长的路要走，设计上还要做减法，中国传统的意象表达上也还是比较欠缺。设计是我一辈子的爱好，我觉得人最快乐的就是做自己喜欢做的事。前面虽然说过我比较容易受身边的人影响，但其实我本质上是比较有主见的人，我坚守我所喜爱的，在这个范畴内，我会照顾左照顾右，但不会偏离我的坚持。END

# 云鼎汇砂万象城店(二期)

# 南京颐和公馆
# THE YIHE MANSIONS NANJING

| | |
|---|---|
| 摄　　影 | Vivian Xu |
| 资料提供 | 颐和公馆 |

| | |
|---|---|
| 地　　点 | 南京市鼓楼区江苏路3号 |
| 面　　积 | 18 000m² |
| 设　　计 | 北京环永汇德建筑设计咨询有限公司 |
| 主案设计 | 张光德 |
| 竣工时间 | 2013年 |

老南京都知道：一条颐和路，半部民国史。颐和路是除了原总统府所在的长江路外，保留民国时期痕迹最为明显也最为集中的路。

1929 年 12 月，近代中国较早的一次系统性的城市规划——《首都计划》在南京诞生。规划不仅对南京的城市用地按功能做了细致划分，还将住宅分为四个类别：上层阶级住宅区、一般公务员住宅区、一般市民住宅区以及棚户区。1933 年，当时的南京市政当局计划新建 4 个高级住宅区，但是只有第一住宅区实施建设，这就是今天还留存的颐和路公馆区。

“公馆区”以颐和路为中心，江苏路、宁夏路、宁海路、西康路、北京西路等十多条道路纵横交错，区内建有各式“花园洋房”近 100 处，平均每户用房面积达 400m² 以上，最有名的如宁海路 5 号住宅、颐和路 34 号等。

坐落于颐和路民国公馆区的南京颐和公馆，是由 26 幢风格迥异的民国时期别墅组成，部分建筑曾为民国重要历史人物的住处与使领馆所在地，如国名党陆军一级上将薛岳、蒋介石派往瑞士任大使的公关高手黄仁霖、来华“调处”国共关系的原美国陆军参谋总长马歇尔等名人。这个建筑群落各有特色，有的豪华、有的简朴、有的精细、有的粗犷，它们各自都在诉说着建筑本身和过去主人的故事。

走进颐和公馆，就仿佛进行了一场循序渐进的民国之旅。酒店大堂入口设于原公馆区的内部街道，来到酒店，便置身于民国建筑群间，令人可以感受到鲜明的历史文化气息，想象着薛岳将军，黄仁霖，陈布雷等历史名人的事迹；酒店同时设置了文化博物馆、民国风格的舞厅，使人们可以身临其境的感受现代南京及其相关的民国历史；餐厅包含中西餐及 24 小时餐厅，契合了民国首都规划建设为中西合璧的历史背景，也满足了客人的需求；酒店还设置了大型会议中心及 SPA，满足精品酒店的基本诉求。

为了强调每栋别墅的独立性与私密度，度假区的流线做得比较复杂，设计师利用了原有别墅的院落形态与建筑特征，将中式园林散布其中，使室内外空间得以相互渗透、延伸，颇有点自成一片天地的感觉。别墅区的步行道路以青砖铺砌，并以石材收边，这样的设计并非新颖，可特别的是，这些青砖是南京旧城改造中废弃不用的砖头，每一块都色彩斑驳、形状不同，沉淀了历史，也带来了民国独有的韵味。

颐和公馆建筑群里的每幢建筑均独一无二，正是因为这“独一性”，使得在客房的标准以及统一性上存在一定难度，建筑群里共有 15 幢别墅用于客房，每幢别墅都有 4 套以上单独的房间，最小 42m²（单人间），共 46 间。酒店大多沿用了当时建筑的外观，对原来的木质结构进行了加固、翻修，房屋大的结构并没有改变，但是设计师在风格一致性的前提下，在一些建筑的内部结构以及楼梯做了最小限度的更改，对房间进行重新的规划调整，改变房间的功能性来满足酒店的舒适度。客房设计中嵌入了该项目特有的历史与文化元素，尤其是与现代南京及其相关的民国历史，部分客房参考了建筑原主人生平进行设计，形式包含标间、套间、独栋以及独立会所等，在保证文化内涵的同时满足了多样灵活的入住需求。

颐和公馆并没有像普通的打着“民国牌”的酒店那样在装饰上流于表面，用夸张醒目的民国品或者旗袍等来强调其风格，而是在细节中，润物细无声地将民国风渗透到极致。无论是老旧的家具还是黄铜的灯具，或是按照那个年代式样定制的床品，都显得别具匠心。在酒店的公共区域，一块纯白色的漆雕花板屏风特别引人瞩目，这是根据艾琳·格瑞（Eileen Gray）所设计的家具基础上进行的再创作，这位 21 世纪先锋建筑师的设计对现代家具做出了巨大的贡献，而雕刻内容取材则来自于老南京的“金陵十景”；客房背景墙上的漆雕木版画把民国时期盛行的“装饰主义”风格与中国传统手工艺相融合，打造出了独特的艺术形式，既符合当代时尚又不失传统；地毯的图案取材于灯具的玻璃片不规则的肌理，运用在地毯中既风格统一又不失轻松俏皮。

为了还原纯粹的“民国时光”，设计师在细节布置上也是非常的讲究和精致。比如，颐和公馆使用的是钢笔、墨汁以及宣纸的搭配，木质的牙刷、亚麻小盘扣的睡衣、专门淘来的复古桌椅、景德镇大师订制的茶壶，小小的细节都让人有穿越之感，甚至连马桶使用的都是还原民国时期特质的欧洲小众品牌 Lefroy Brooks。END

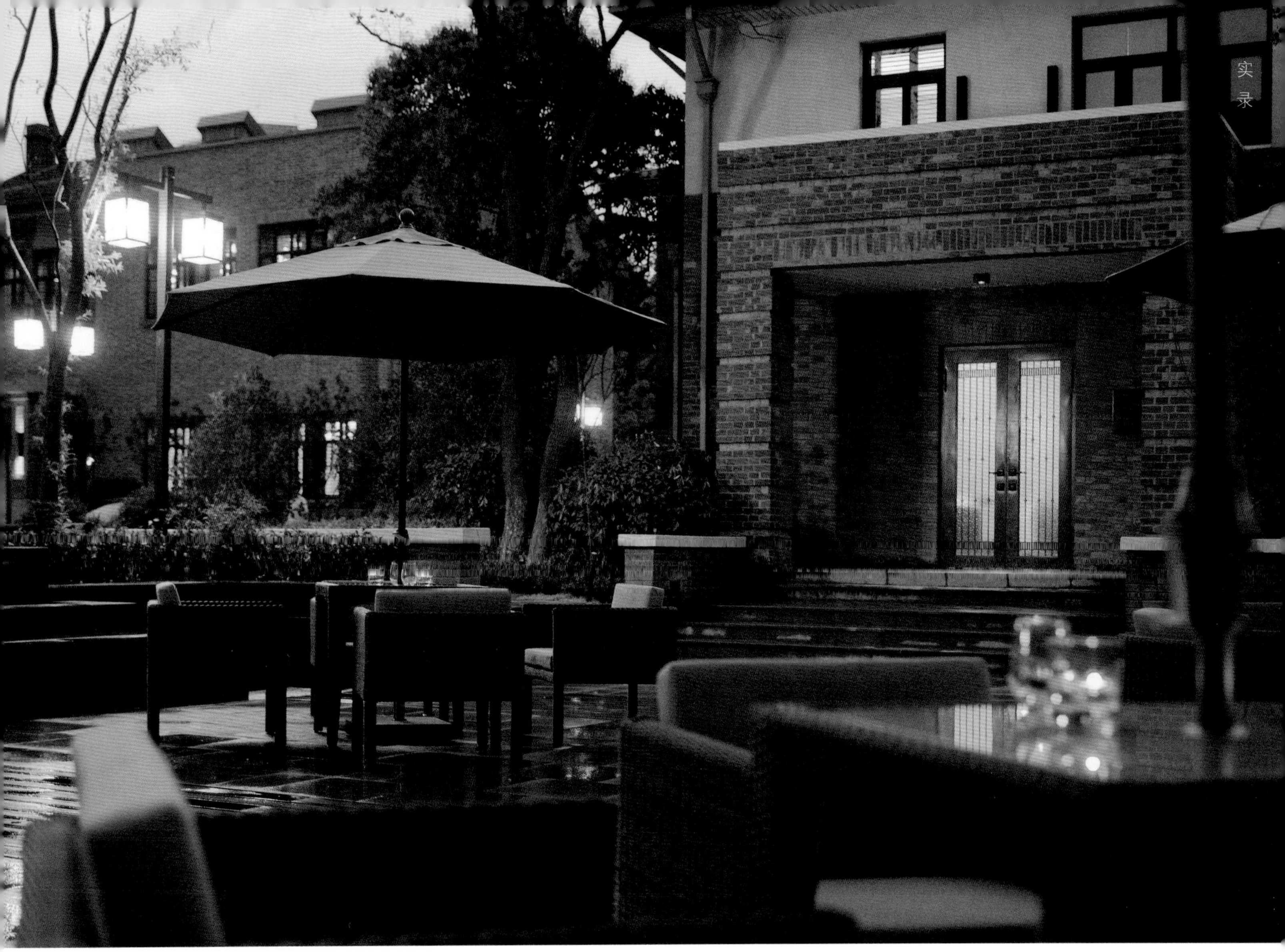

1 总平面图
2 模型
3 中式园林散布酒店中
4 颐和公馆内的民国建筑群风格迥异
5-7 民国建筑群夜景

| 1 | 5 6 |
| --- | --- |
| 2 3 4 | 7 |

1 前台接待处
2 接待处的漆雕花板屏风
3 客户休息区民国味十足
4 酒店的客房钥匙亦走“民国路线”
5 餐厅外观
6 精致的下午茶
7 餐厅

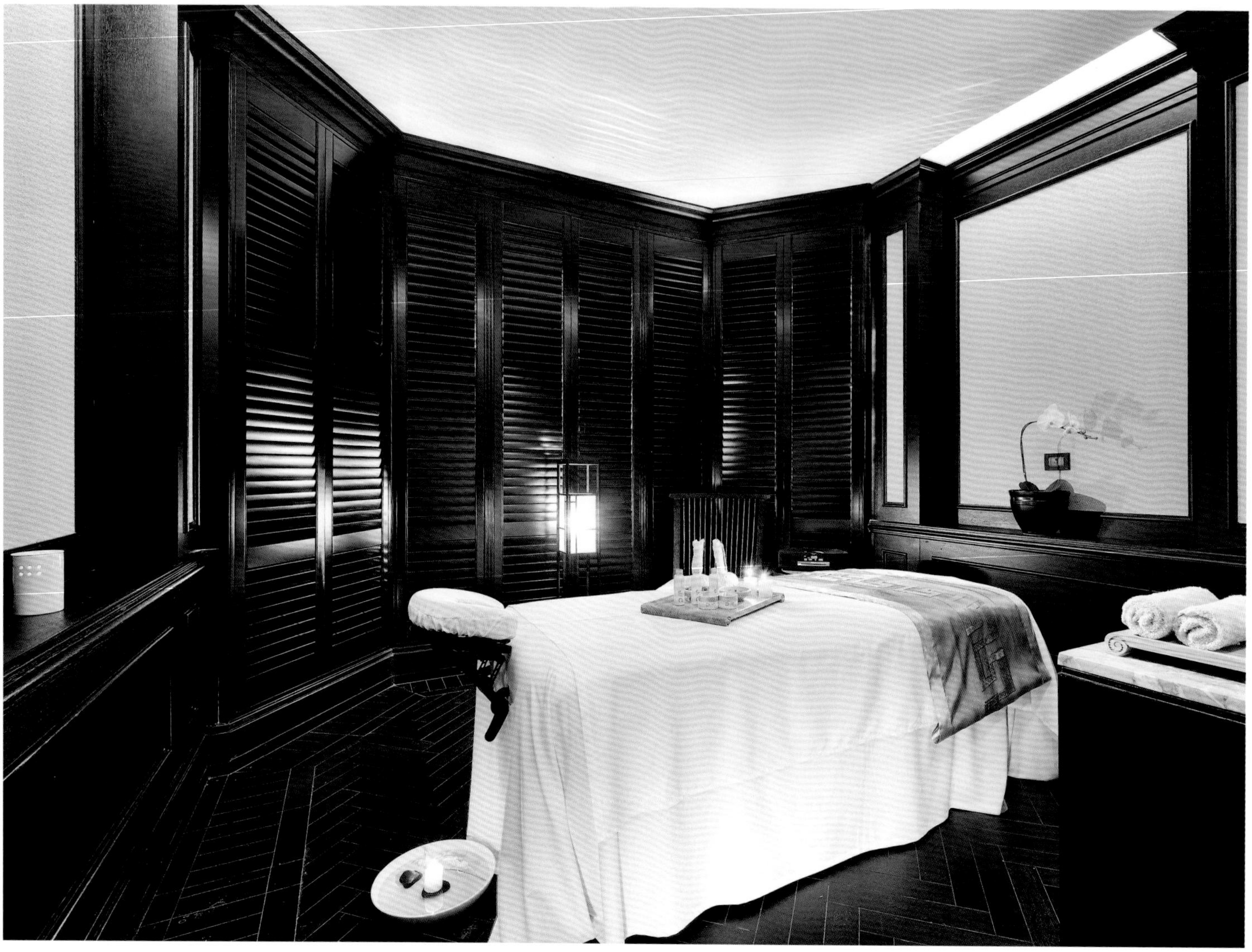

| 1 | 4 |
|---|---|
| 2 3 | 5 6 |

1 SPA
2-3 客房外观
4 客房
5-6 客房连着被罗马柱支撑的超大露台

# 大隐于市的四合院

# QUADRANGLE DWELLINGS

资料提供 | 禾易HYEE DESIGN

建筑面积 | 2 000m²
设计公司 | 禾易HYEE DESIGN（原HKG GROUP）
主创设计师 | 陆嵘
参与设计师 | 苗勋、沈寒峰、杨雅楠

四合院的设计规模为2 000m²，拥有着传统四合院建筑体系衔接新建太极馆，掩映在一片安静胡同深处，是在喧嚣城市中的一片心灵宁静之处。来这里，客人们可以安下心的修身养性、体悟四合院文化的同时又能感悟太极文化精髓。在整个室内设计中，设计师以中华传统文化中的"儒、释、道"为母题，运用"竹、木、石、水、影"不同材质与光影的融合，使人们能够身临其境的感悟中华传统文化的精髓。一入四合院，传统的四合院庭院搭配质朴的四合院木梁结构，让人一下子回到梁思成笔下的老四合院。室内以老榆木线条为主线，搭配与传统木梁结构的衔接，在梁上镶嵌入传统纹式的古铜装饰。

多功能厅，拥有旧铜打造的前台，配以独具匠心的环形灯具交相呼应，来凸显其特色。

贵宾厅，是以云龙元素为设计源泉，设计了一款金丝柚木壁炉，能让人能感受传统东阳木雕的精髓。

朴素的太极馆，简单但也不失精巧。通过夹绢玻璃隔断的移门可以将太极馆分开放、私密的多功能空间。可以通过太极馆侧面的落地窗户看到禅意的景观空间。

茶室里的家具，也与众不同地采用了竹节形式的木饰面手法，让客人更好地在参茶的过程中调节心境。

正是因为有"逍遥的自然情趣、优美的人文情调、慈悲的光明情怀"，才能体现出此四合院的格调。

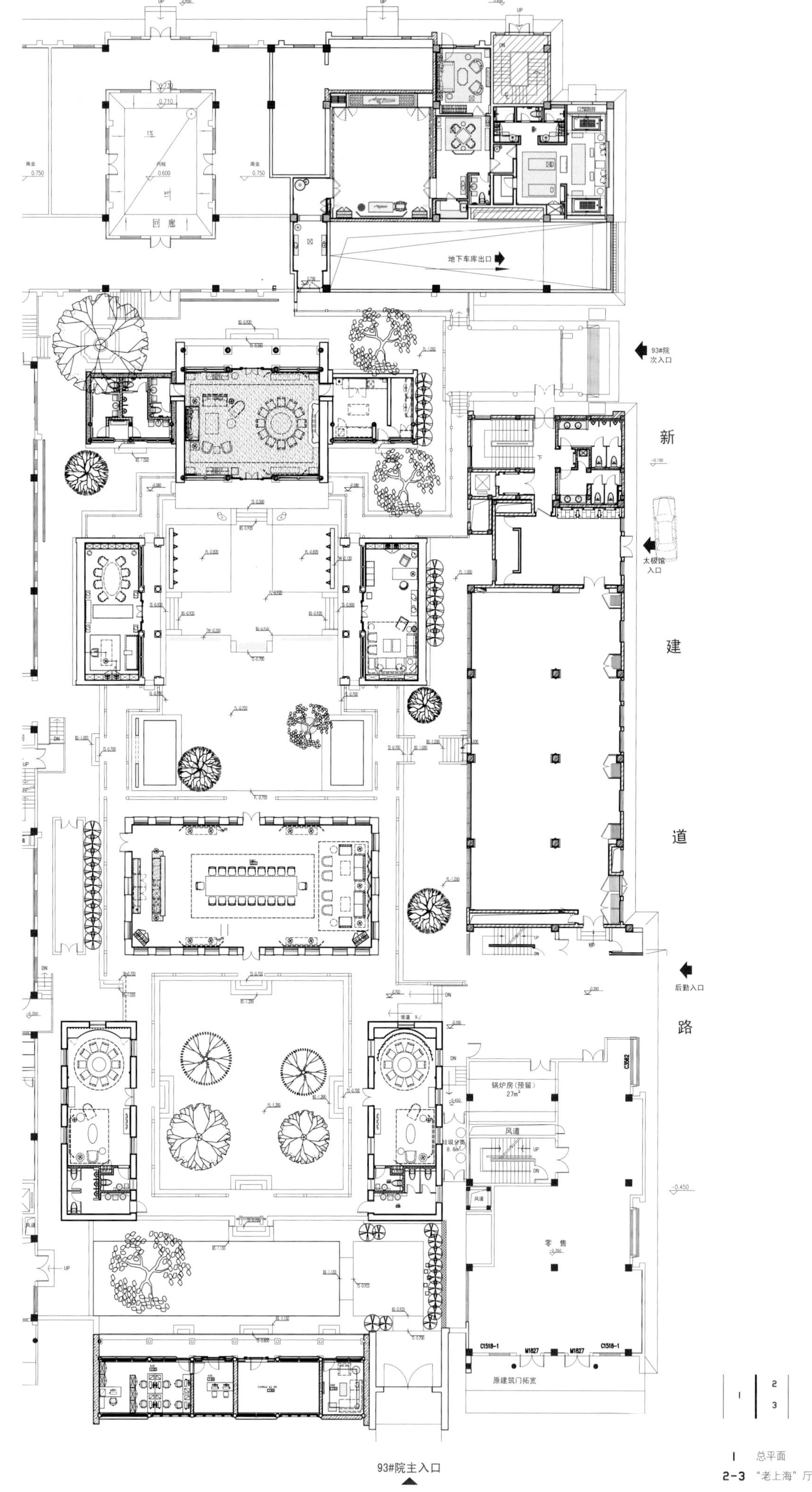
地下车库出口
93#院
次入口
新
建
道
路
太极馆
入口
后勤入口
锅炉房(预留)
27m²
风道
零 售
原建筑门拓宽
93#院主入口

1 总平面

2-3 "老上海"厅

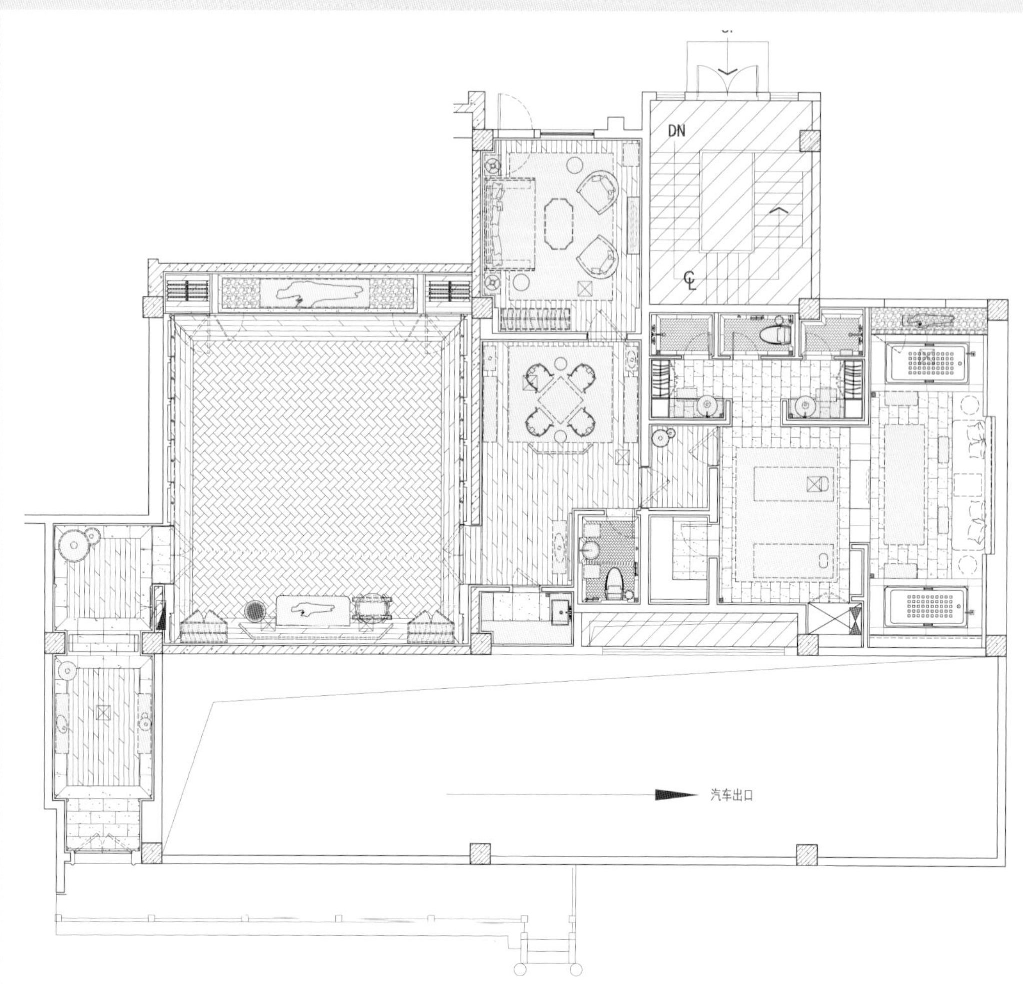
DN
汽车出口

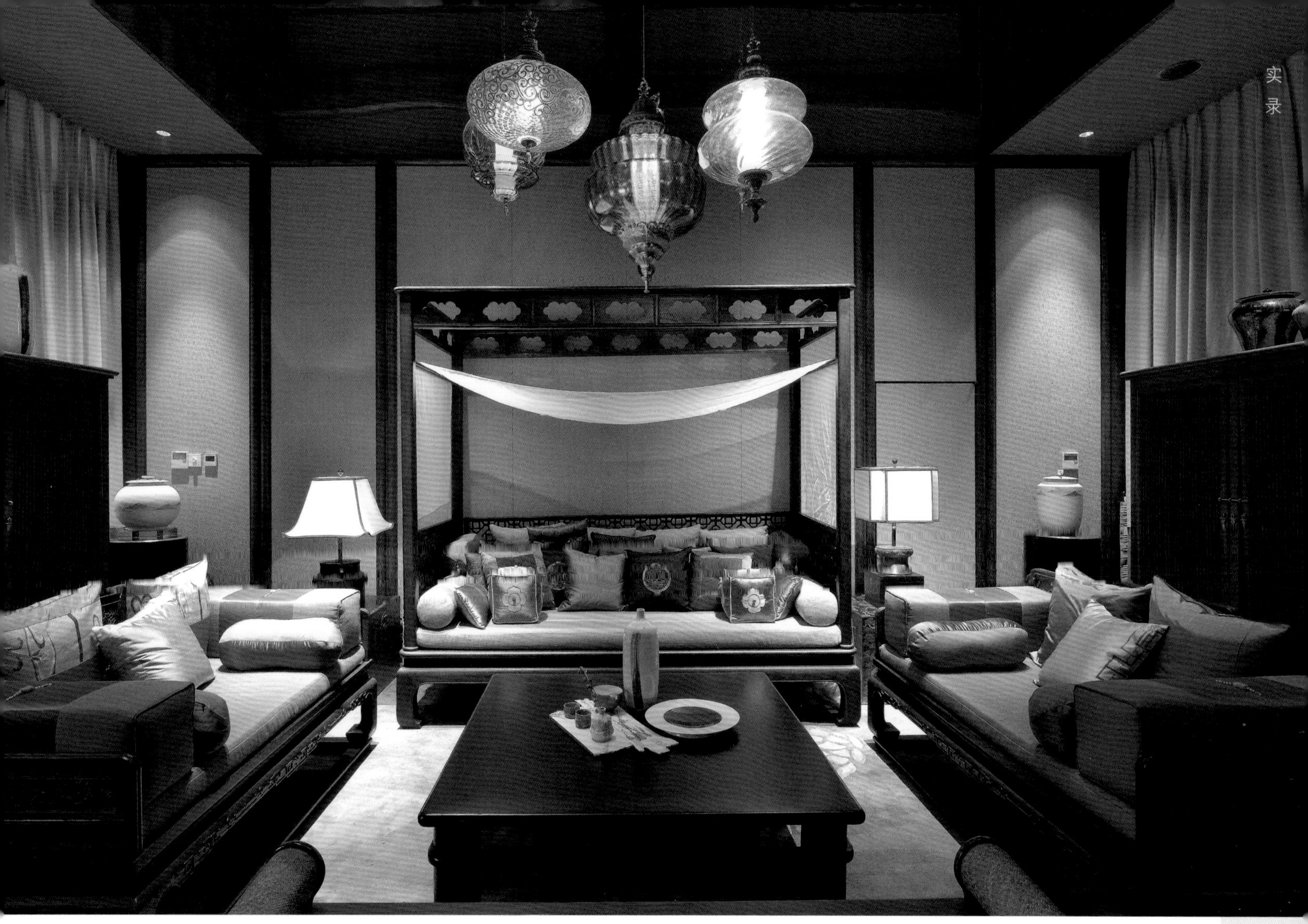

| 1 | 3 |
| 2 | 4 5 6 |

1 私人区平面图
2 东西偏房
3 宴会厅
4 东西偏房灯具局部
5 宴会厅局部
6 多功能厅

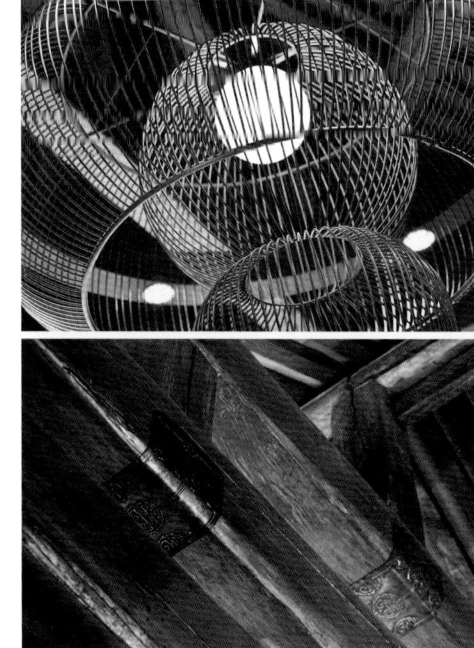

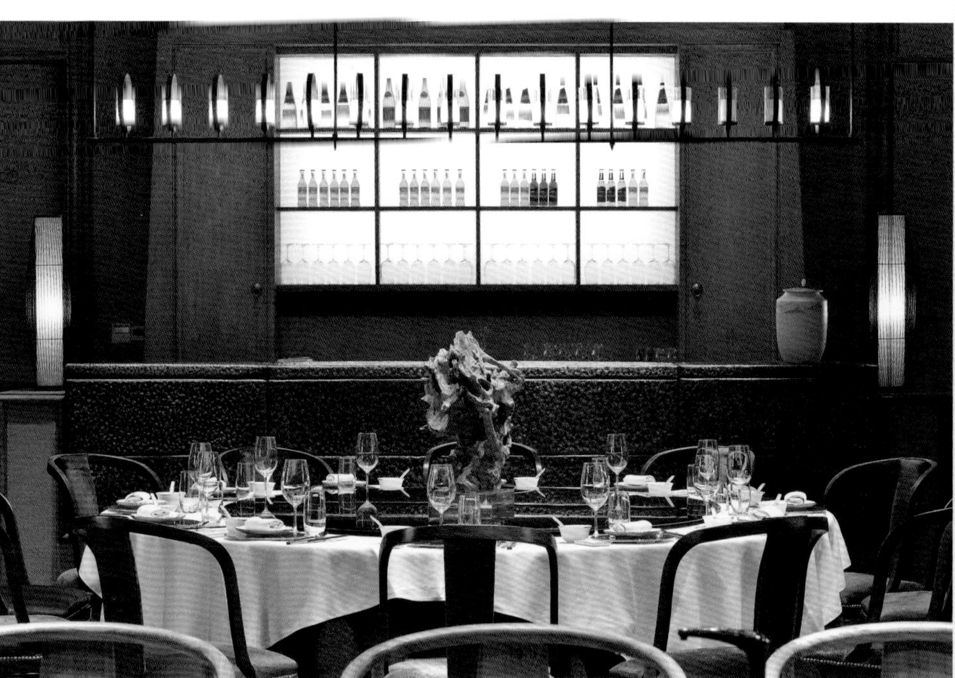

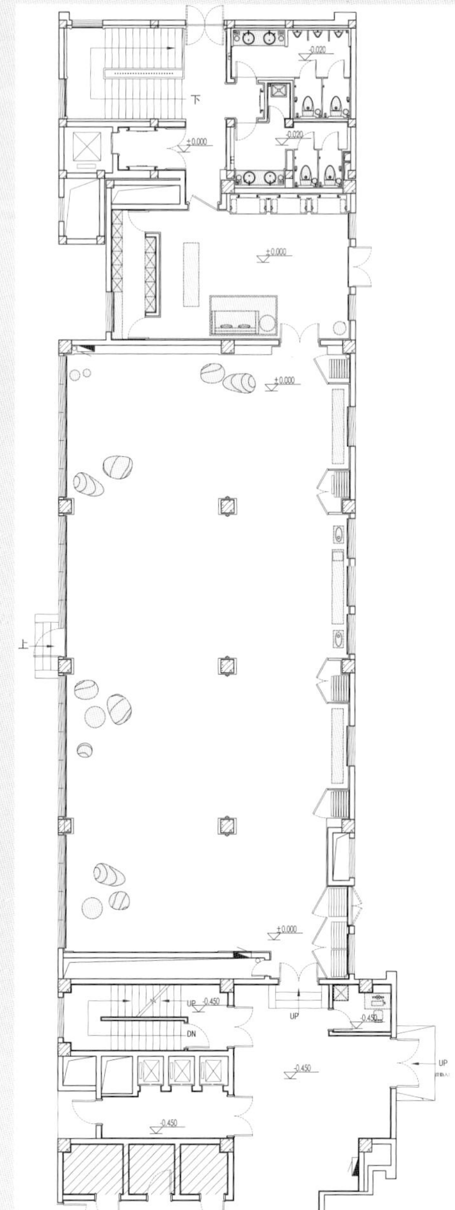

1 2 3 4 | 5 6 7 8 9

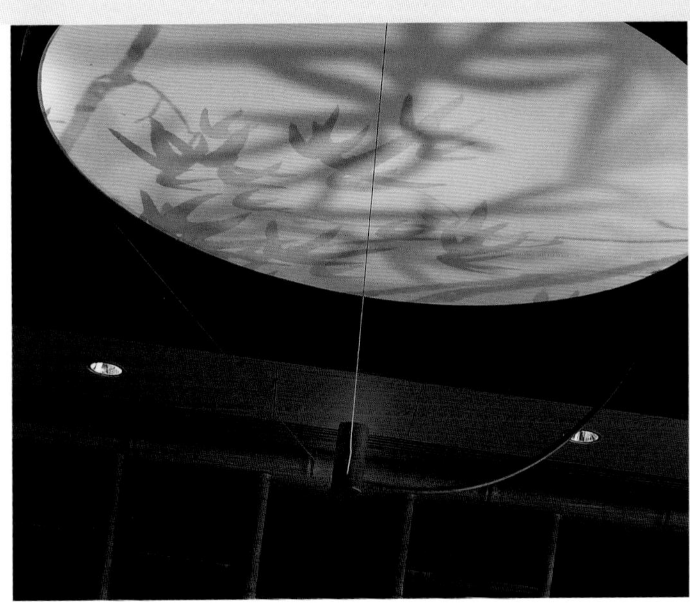

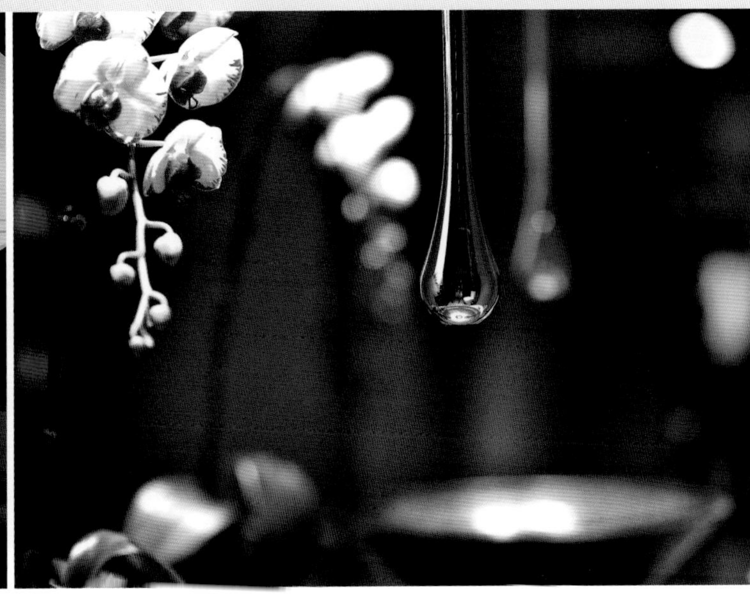

1 太极馆平面图
2 太极馆
3 太极馆局部
4 茶室
5 茶室灯具
6 KTV
7-9 太极馆局部

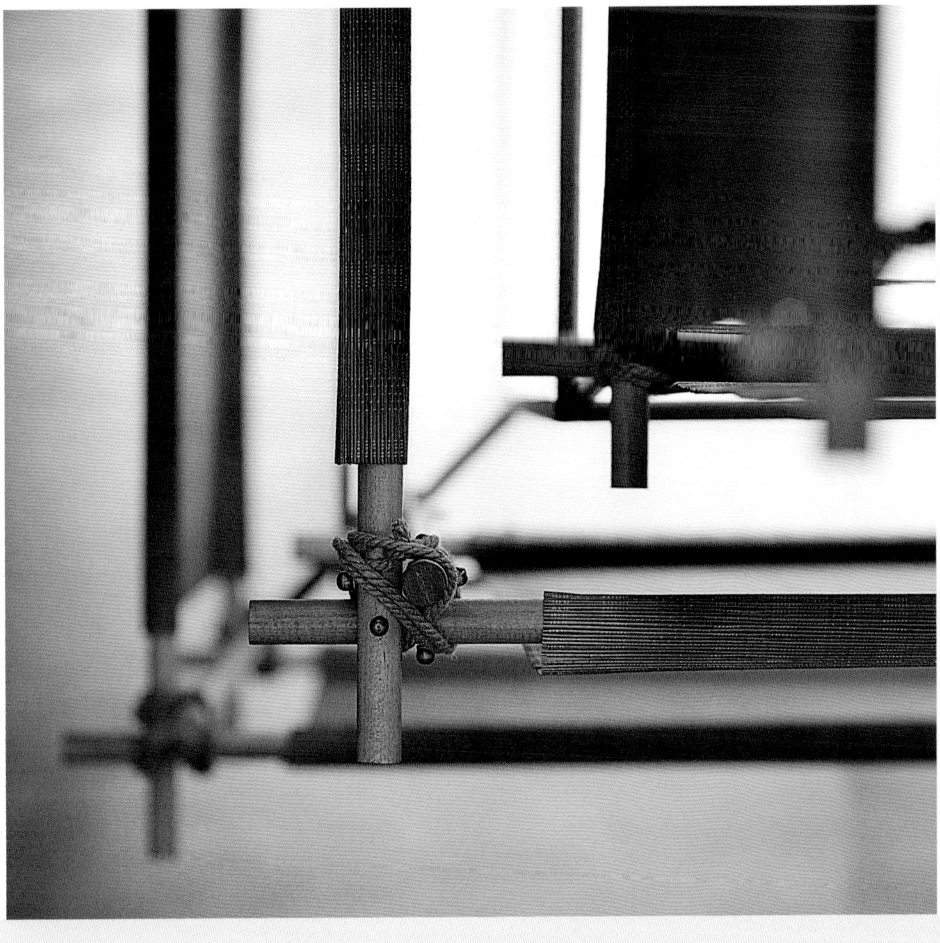

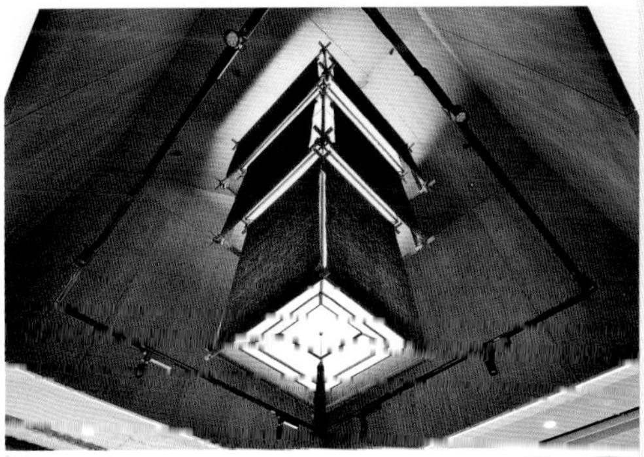

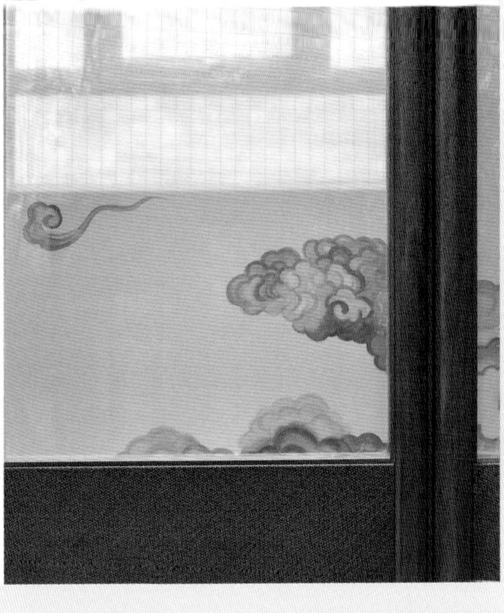

# 垂直玻璃宅
# VERTICAL GLASS HOUSE

撰 文 | 张永和
资料提供 | 非常建筑

地 点 | 上海徐汇区龙腾路
设计单位 | 北京张永和非常建筑设计事务所
主持设计 | 张永和
项目负责 | 白璐
项目团队 | 李相廷，蔡峰，刘小娣
施工合作 | 同济建筑设计院
业 主 | 上海西岸
建筑面积 | 170m²
类 型 | 住宅/展览

垂直玻璃宅为张永和于 1991 年获日本《新建筑》杂志举办的国际住宅设计竞赛佳作奖作品。22 年后的 2013 年，上海西岸建筑与当代艺术双年展将此设计作为参展作品建成。

垂直玻璃宅，作为一个当代城市住宅原型，探讨建筑垂直相度上的透明性，同时批判了现代主义的水平透明概念。从密斯的玻璃宅（如 Farnsworth）到约翰逊的玻璃宅都是田园式的，其外向性与城市所需的私密性存在着矛盾。垂直玻璃宅一方面是精神的：它的墙体是封闭的，楼板和屋顶是透明的，于是向天与地开放，将居住者置于其间，创造出个人的静思空间。另一方面它是物质的：视觉上，垂直透明性使现代住宅中所需的设备、管线、家具，包括楼梯，叠加成一个可见的家居系统；垂直玻璃宅成为对“建筑是居住的机器”理念的又一种阐释。

此 2013 年在上海建成的垂直玻璃宅完全以 22 年前的设计为基础，并由非常建筑深化发展。该建筑占地面积约为 36m$^2$。这个四层居所采用现浇清水混凝土墙体，其室外表面使用质感强烈的粗木模板，同室内的胶合木模板产生的光滑效果形成对比。在混凝土外围墙体空间内，正中心的方钢柱与十字钢梁将每层分割成 4 个相同大小的方形空间，每个 1/4 方型空间对应一个特定居住功能。垂直玻璃宅的楼板为 7cm 厚复合钢化玻璃，每块楼板一边穿过混凝土墙体的水平开洞出挑到建筑立面之外，其他三边处从玻璃侧面提供照明，以此反射照亮楼板出挑的一边，给夜晚的路人以居住的提示。建筑内的家具是专门为这栋建筑设计，使其与建筑的设计理念相统一，材料、色彩与结构和楼梯相协调。与此同时，增加了原设计中没有的空调系统。

西岸双年展将垂直玻璃宅作为招待所，提供给来访的艺术家/建筑师使用，同时也作为一件建筑展品。END

1 北立面外观
2 基地平面
3 室内顶层

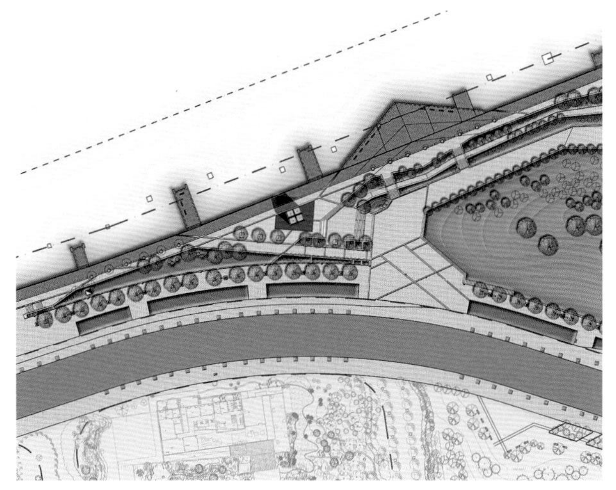

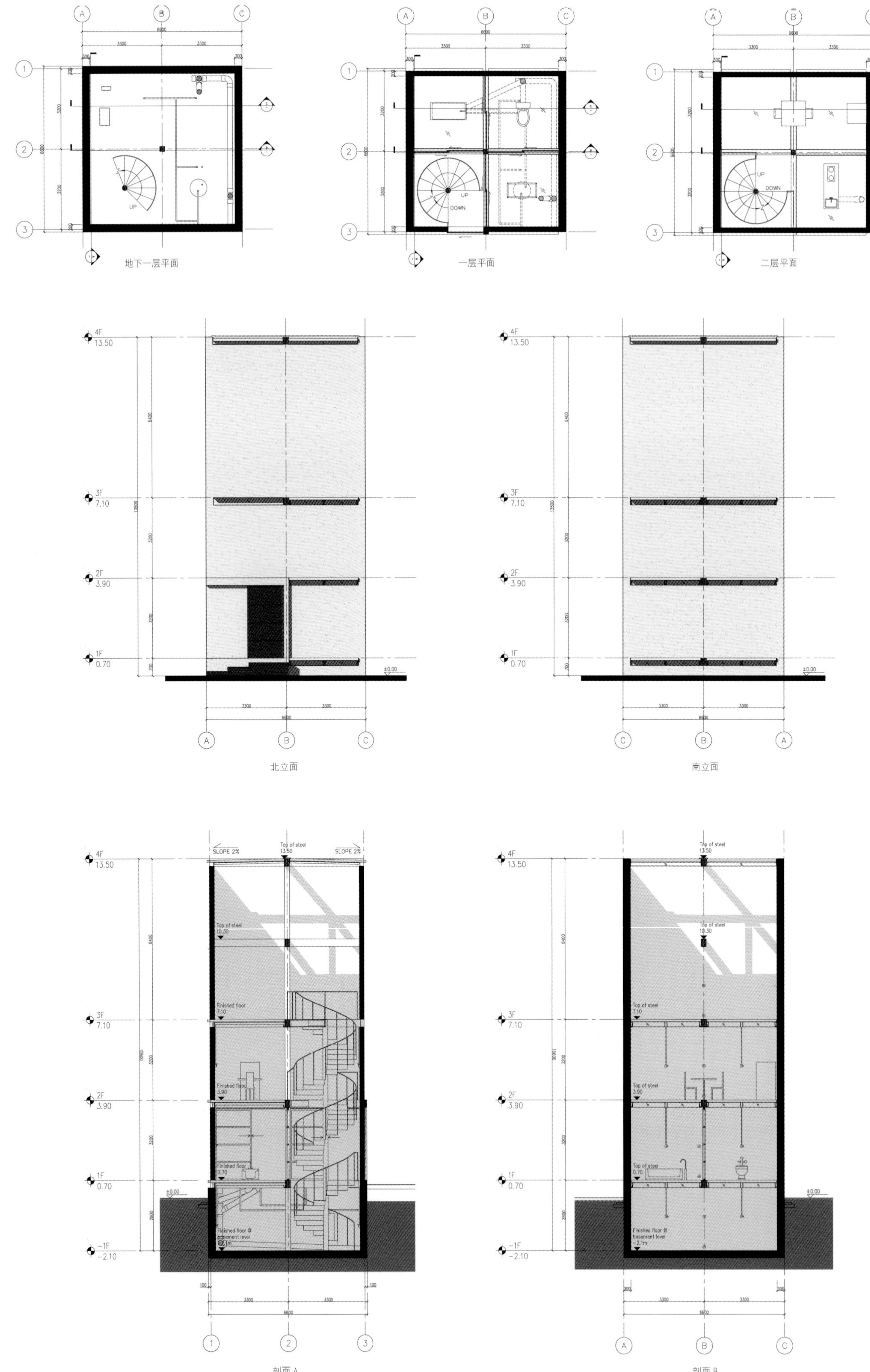
地下一层平面
一层平面
二层平面
北立面
南立面
剖面 A
剖面 B

1 平面图
2 立面图
3 剖面图
4 建筑内的家具均是专门为这栋建筑设计形成从内至外的统一

1 节点详图
2 起居室
3 楼梯
4 浴室

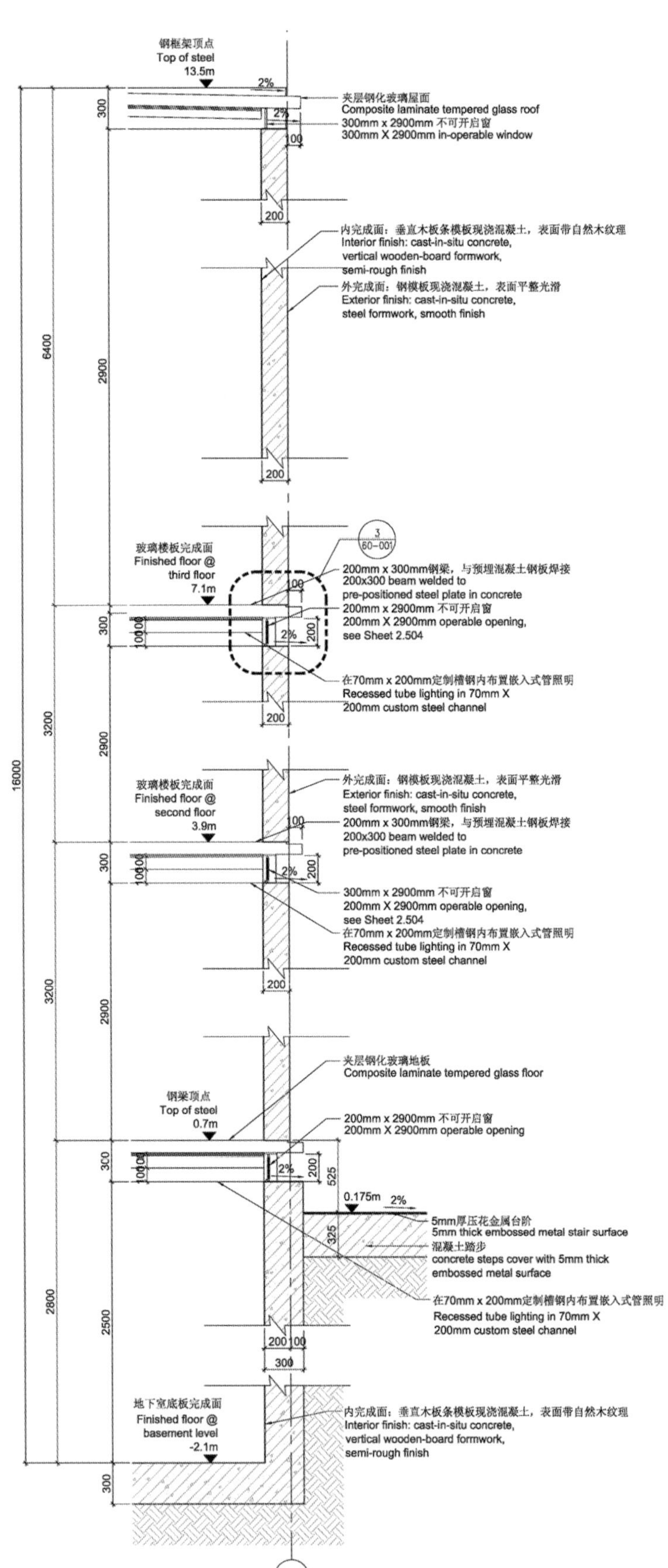

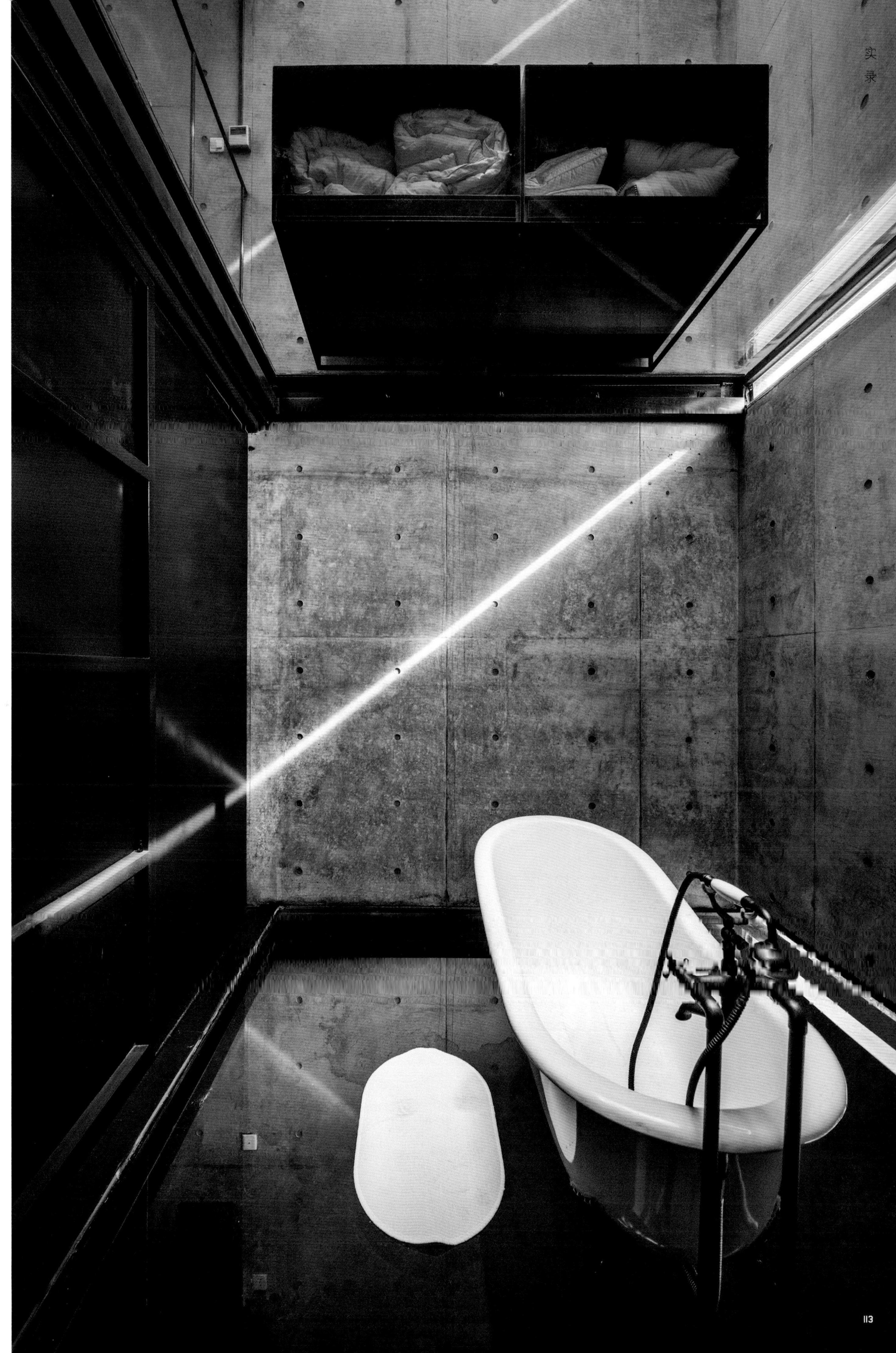

# 风厝

# HOUSE OF WIND

撰　文 | 王柏仁
摄　影 | 柏林事务所

地　点 | 中国台湾地区新竹县宝山乡
占地面积 | 322.23m²（小风厝）、646.08m²（大风厝）
建筑面积 | 127.3m²（小风厝，地上3层）、143.48m²（大风厝，地上3层）
业　主 | 蔡氏姐妹
用　途 | 住宅(二户)
设　计 | 柏林联合室内装修设计有限公司/建筑师事务所
设计团队 | 王柏仁、黄心沂、吕语祺、庄鹏敬、李欣怡
材　料 | 外墙(R.C结构、磨石子、洗石子、抿石子、清水模顶棚、水泥砂浆粉光处理+水泥砂浆拉毛处理)、开口(钢窗、铝门窗)、室内(缅茄木、婆罗洲铁木、杉木、夹板、页岩、花岗石)、景观(火头砖、抿石子、婆罗洲铁木)
设计时间 | 2009年5月~2010年12月
建造时间 | 2011年1月~2013年10月

1 建筑外观，大小风盾并排而立，每一面墙都做自己，因为风而形成了风的表情
2 迎接九降风的小开口
3 区位配置图

**九降风起**

如果台东的灵魂是太平洋，宜兰的灵魂是水，那么新竹的灵魂就是九降风了。九降风就是东北季风，每年秋天风起，东北季风翻过中央山脉进入新竹，带来大量的风，柿饼、米粉、板条也因地制宜地盛产，“风城”因此而得名。

刚到新竹，观察在地房子的立面，大多小开窗，进到室内则因密不通风与返潮，不良气味影响居住质量。风向是看不见的基地条件，在新竹，风的影响可能更胜看得见的周边条件。

**风的表情**

顺着宝山的缓坡倚北朝南，因应着季节变化，每一面墙产生不一样的建筑表情。在布局上因为风、雨或日照变化，每一个空间都找到其合适位置。

[illegible]，夹在玻璃空间中，对内部空间而言，增加了一个过渡空间，也形成双层穿透空间的保护。夏天迎接南风雨遮阳，冬天则少量地开启第一层窗，可多量地开启第二层窗，确保秋冬季的室内空气与温度的质量。北向空间都可带到东向或西向的日射与对流，不会因为北面小开窗而影响北向空间的室内质量。

东西向的墙体角窗，因为北风与南风的差异而产生不同的大小，延伸视觉的同时，因为日射，也调节了北风吹袭下，北向室内空间的温度。

每一面墙都做自己，因为风而形成了风的表情。

**光的表情**

风的表情所产生不同开口变化的延续，到了室内，流畅的墙体分割与日照的移动形成了光的表情。加大的悬臂板与反梁结构丰富了日照进到室内的表情，每一道光线在室内的流窜因为加大的遮阳保护而显得恰到好处。从早到晚的室内空间也因此呈现不同光的表情。

**手工艺的技术延续**

什么材料适合风吹雨打，吹风晒太阳？墨绿色的洗蛇纹石大墙，

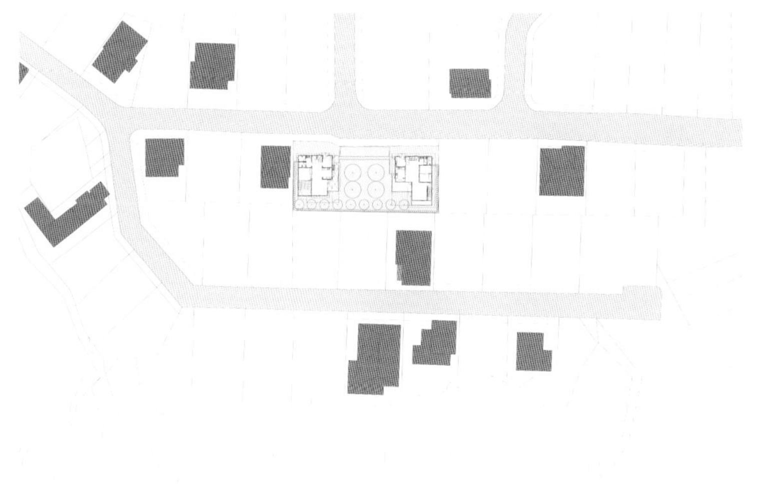

因为悬臂板的断水线控制住水渍，产生黑色线条的区域，大墙的纹理看起来更自然，与北向山的颜色形成呼应。

历久弥新的朴拙材料本质与手工艺技术能更凸显材料的特色。墨绿色的洗蛇纹石大墙、角钢焊制的铁窗、清水模顶棚、页岩、凿面花岗岩地坪、婆罗洲铁木与夹板，都呈现材料本来的面貌。材料会因为时空感，而具有特色。看见了材料的本质，也延续了手工艺的技术传承，也留住了时空感。

**诚实室内，真实四方**

室内家具依据空间使用行为，利用地板、床板及柜子的完成面设计成人的尺度，同时兼具家具使用多元功能。建筑依节气选择开窗的大小位置，日射自然会依照四季与早晚的不同在室内产生表情。这个时候，人是主角，太多的室内家具与装饰反而显得矫情。桌板、地板、书柜、衣柜界定出不同的家具尺度，不同高度的地板变成床板，桌板变成椅子，椅子下方同时是储藏室，或大尺度的阶梯同时也是椅子，将家具含于天地墙内，使用行为将更为流畅。诚实的室内摆设，真实的四方感受。

**门厅**

门厅扮演由内而外的重要过渡空间，同时也是一个开始与结束结点上的说话空间。两栋住宅间的门厅可透过窗户相望，可望不可及，彼此感受家人的存在。

**孝亲房**

可自由拉启木门将空间分割成两个独立的房间，隔声不好的木门可界定领域感让独自睡眠的父母亲感到自在，又可轻易地传递声音的交流与关怀。

**卧室**

卧室的地板拉高可成为床板，床板又可以椅子的高度方便与桌板配合使用。减少了家具使用，多了空间的流畅与自在，也减少了许多预算。每间卧室都有两面以上采光，主要是面南，充足的日射到了夜晚时增加了保暖与睡眠的质量。

**视听室**

大住宅部分的视听室是利用大阶梯自然界定成椅子，下方则可提供储藏室使用。亲切的尺度方便说话，同时也是另一种使用方式的起居室。

**浴室**

所有的浴室都有充足的高窗可通风采光，节省了通风设备，随时保持干燥，也增加了使用质量。下沉式浴缸则是顺应反梁板形成的浴缸结构，减少往上爬浴缸的危险，也符合泡澡的尺度。

**书房**

大住宅的书房是透过挑空形成两层楼的单元，大面南向采光保持书的干燥，也防止了书虫，挑空下的空间则是一个可灵活应用的会议室。

**厨房**

两个住宅的厨房都拥有南向与东或西的日射，适量的日射可减少碗柜里的潮湿，也减少了用电量。透过光线与换气，也能经常保持厨房干净的质量。END

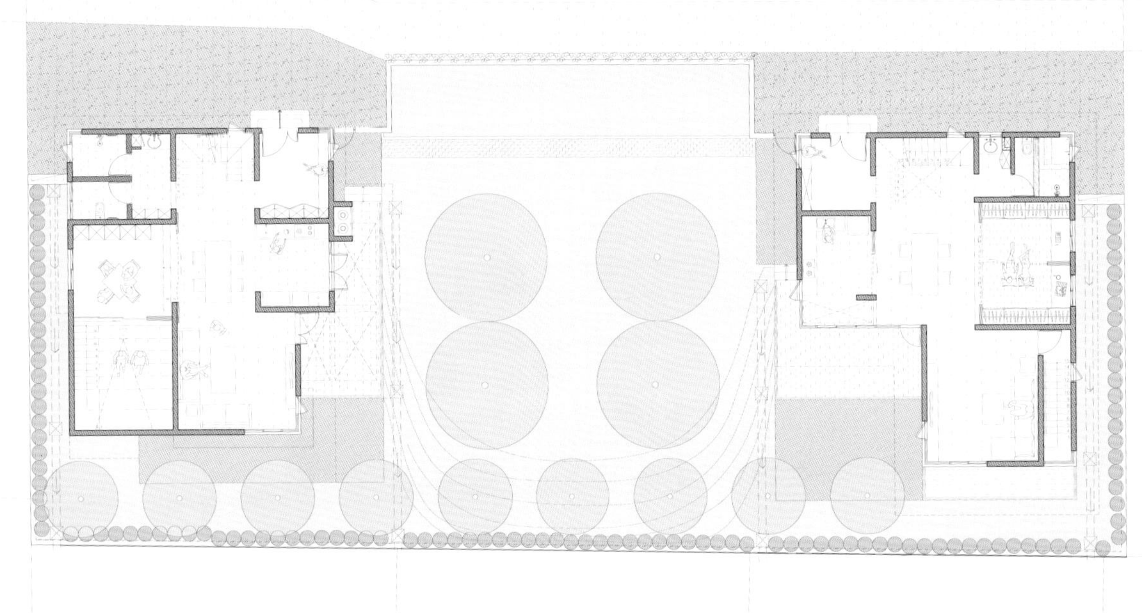

1 5
2
3 4 6

1 大悬臂板延伸室内空间至室外，下雨天时可保持开窗通风
2 二层平面图
3-4 大风厝局部，流畅的分隔与日照的移动形成了光的表情
5-6 室内楼梯

1 室内楼梯
2-5 室内家具

东立面

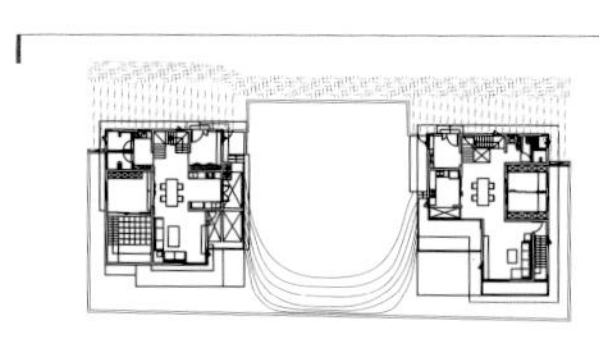

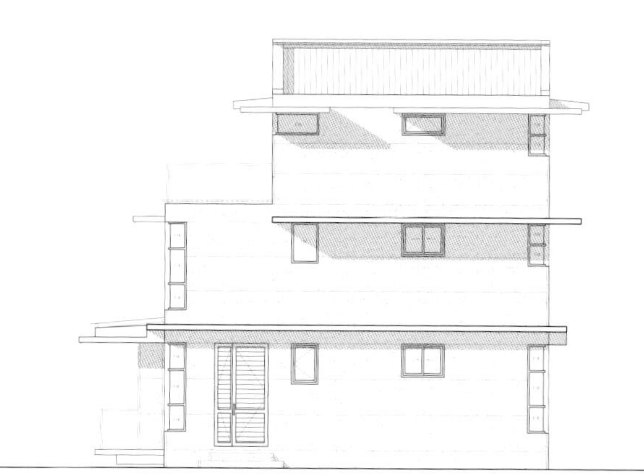

北立面

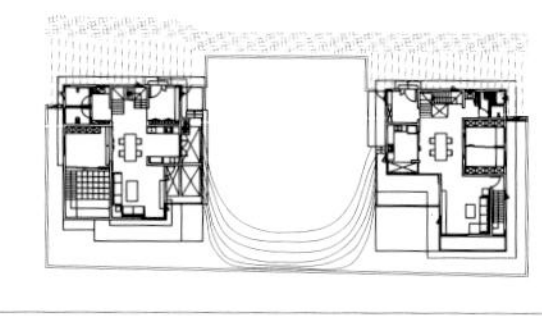

南立面

1 | 2 3 4 5 6

1 立面图

2-6 桌板、地板及坐位与使用行为在尺度上整合成一体

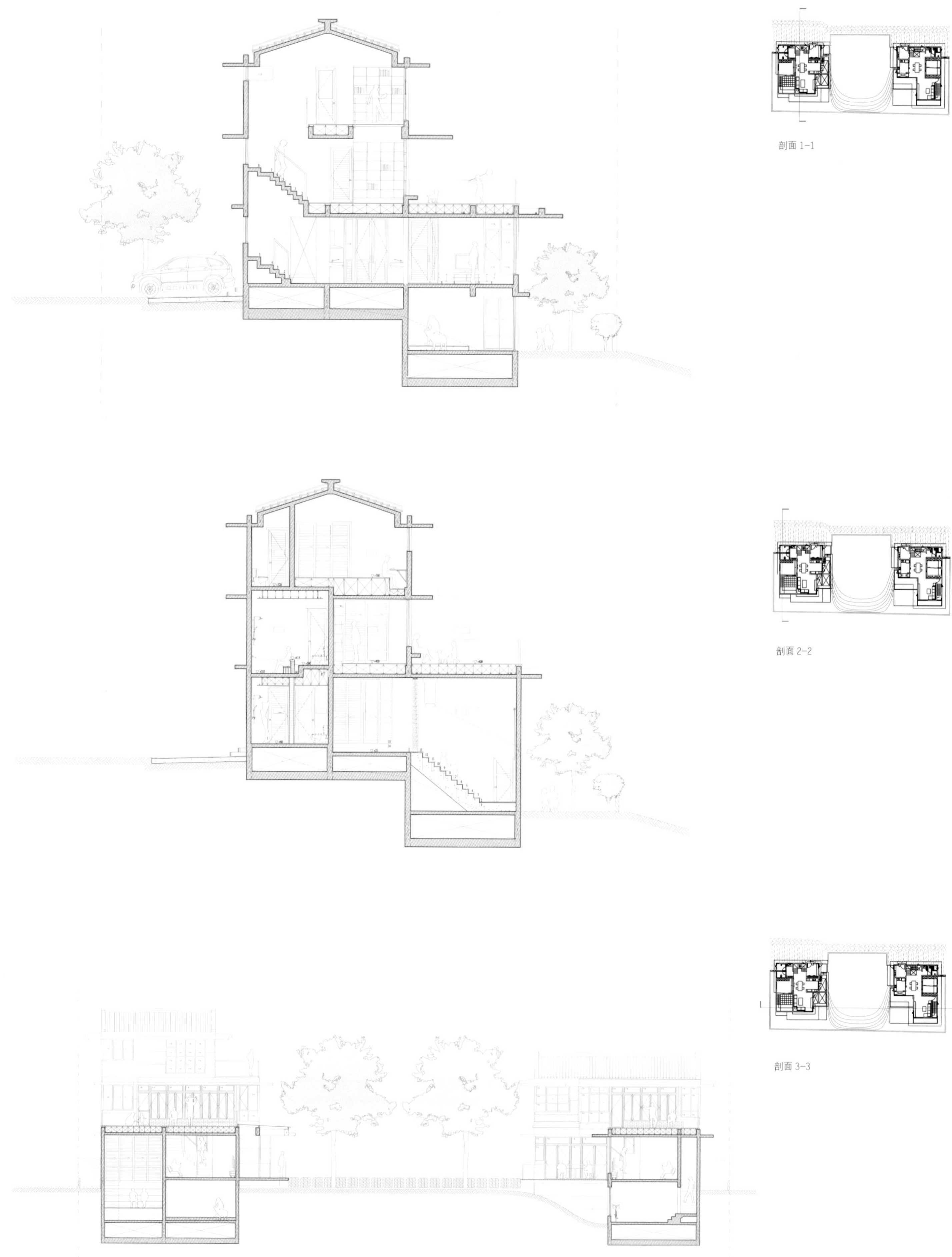


剖面 1-1

剖面 2-2

剖面 3-3

1 | 2 3 4 5 6

1 剖面图
2-3 阶梯同时也是椅子，椅子下方同时是储藏空间
4 小风厝厨房
5 洗手间：干与湿的使用分离
6 利用反梁板结构造成的高差形成浴缸：往下走进浴缸的使用行为较往上跨进浴缸安全

# Varatojo 住宅
# CASA VARATOJO

撰　文　姚远
摄　影　Richard John Seymour
资料提供　Atelier Data设计事务所

地　点　葡萄牙Torres Vedras市
面　积　380m²
设计单位　Atelier Data设计事务所
设 计 师　Filipe Rodrigues,Inês Vicente, Marta Frazão, André Almeida,António Cotrim
景观设计　Susana Maria Rodrigues,António Bettencourt
结构设计　Emanuel Correia
竣工时间　2013年

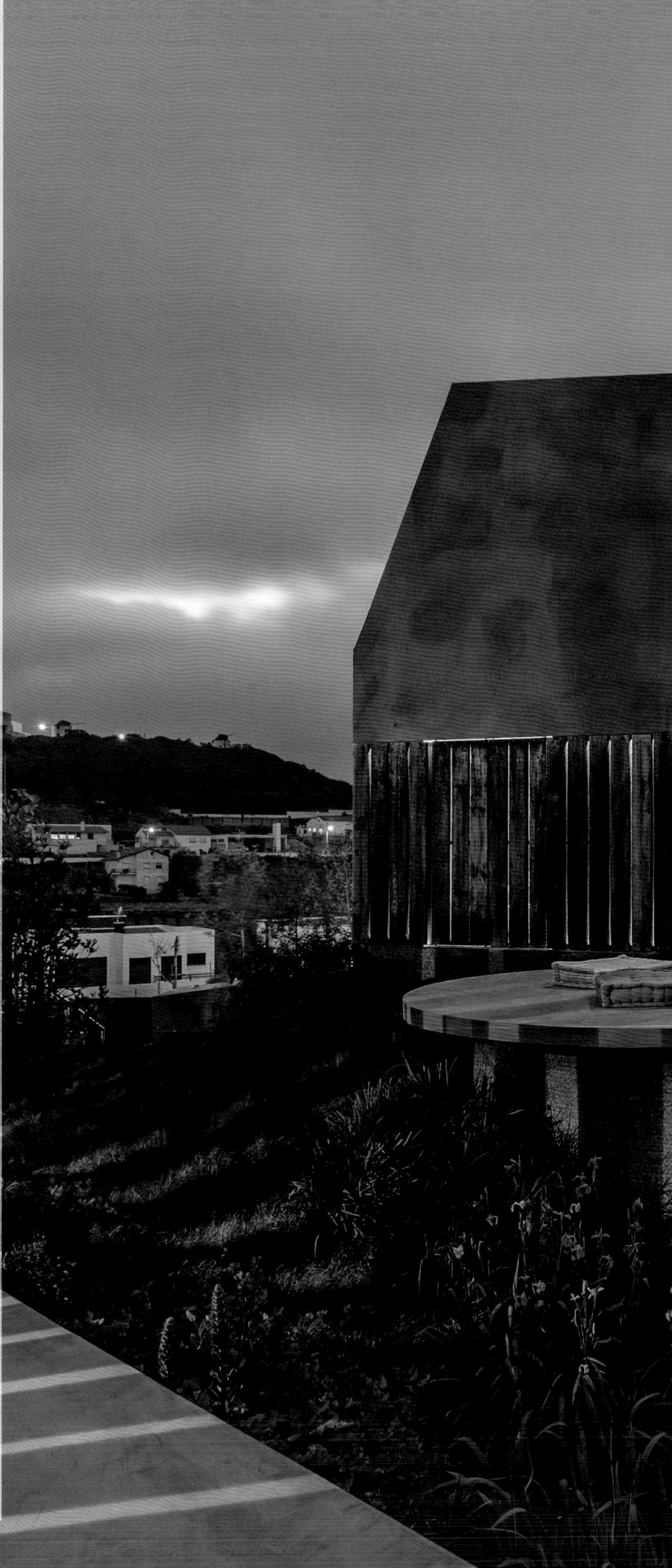

Atelier Data 设计事务所总部位于葡萄牙里斯本，自事务所成立以来，一直专注用当地材料来构建私人住宅。这栋 Varatojo 住宅位于葡萄牙著名的葡萄酒产地 Torres Vedras 市东部的山丘上，所处位置可以俯瞰山下的城市、城堡以及周围的景观，时而刮来的北风，让这栋住宅能在酷夏感受到凉意。

维持住宅所处地自然的平衡，是建筑师在设计之初最先考虑的难题。在住宅与花园的空间分配上，为充分利用地势结构，住宅采用螺旋式构造，螺旋线性的宽窄根据地形特点而确定。布局从倾斜的入口开始，一直蜿蜒延伸至住宅的另一端——用混凝土现场浇筑而成的坡道。在住宅轮廓的设计上，建筑师又强化了“螺旋”结构的概念。在螺旋结构的内部，被坡道围绕起来的下沉式花园的布局上，采集了集合当地景观生态体系的各类植物，包括月桂、山楂、忍冬、亚麻叶、鸢尾在内的原生植被，搭建材质则实验性地选择了废弃铁路的枕木、葡萄牙盛产的软木等循环使用的材质。

分为三个楼层的住宅，则将包括厨房、客厅、餐厅在内的公共区域集合到一层的开放式空间中。夹层位置布置了带有一个朝北阳台的主卧室，拥有俯视花园视野的朝南浴室，以及一个摆放私人藏书的图书馆。底层的游泳池，将南北两个花园的视野连贯在一起，尤其在夜晚，两边的风景透过光照反射进水池，呈现出典雅的造型。END

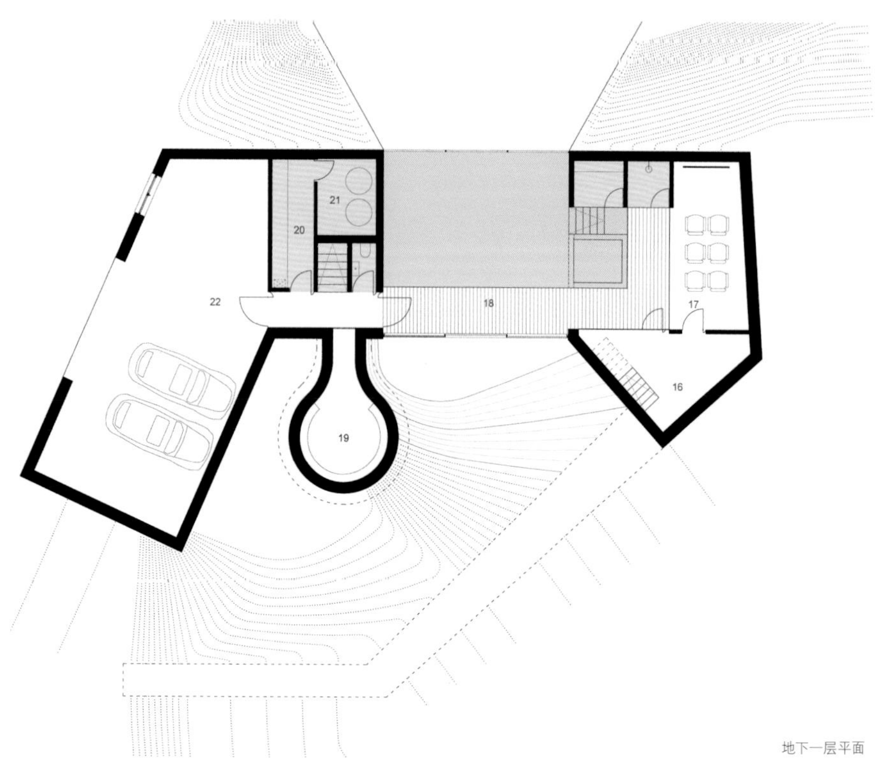


地下一层平面

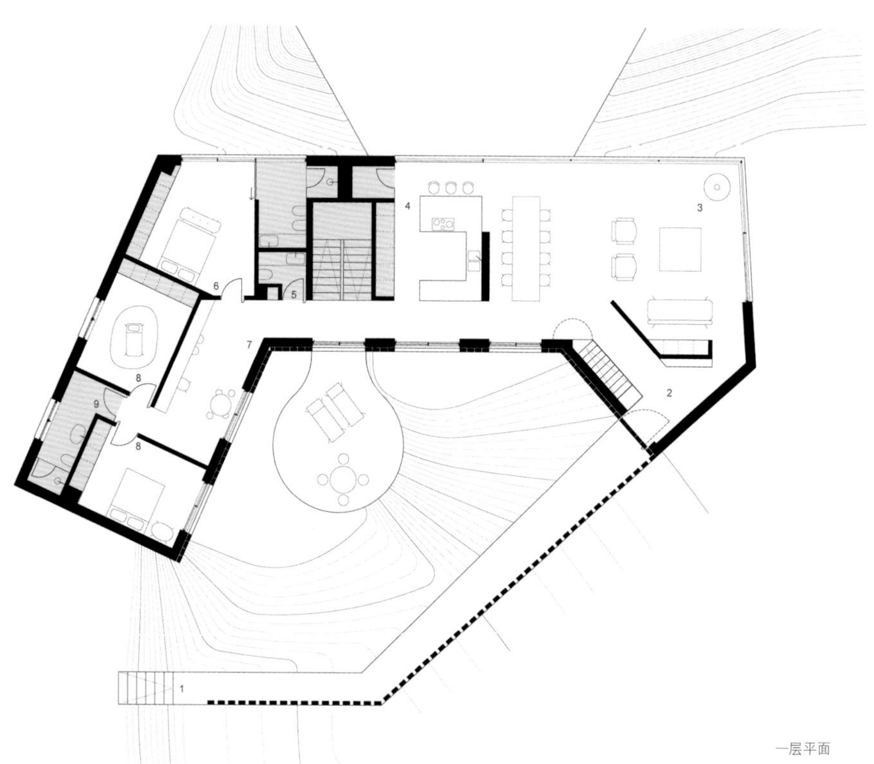


一层平面

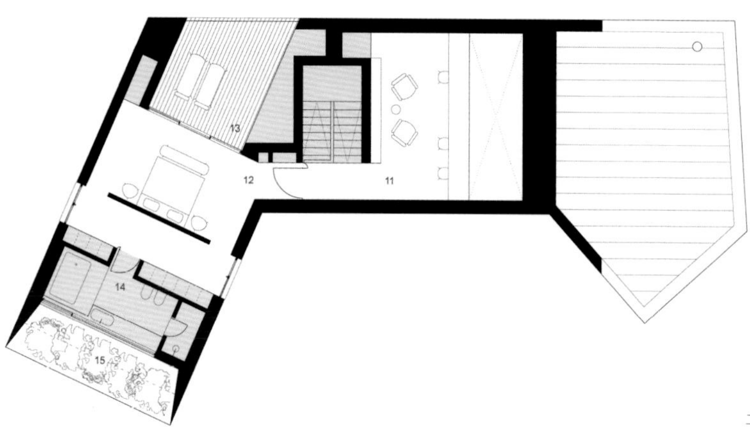


二层平面

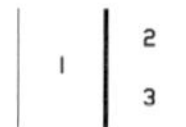


1 平面图

2 利用山风向设计的建筑

3 模仿自然生态的花园

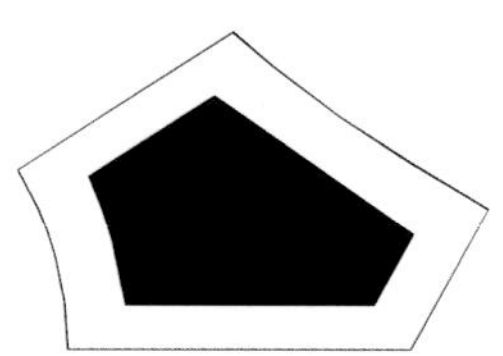

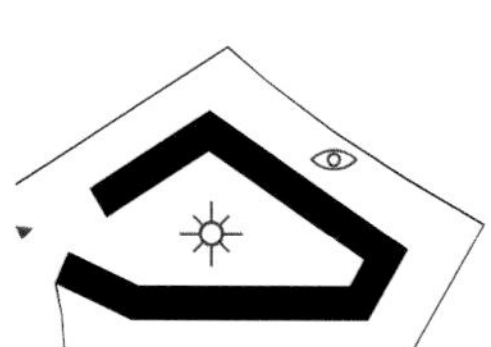

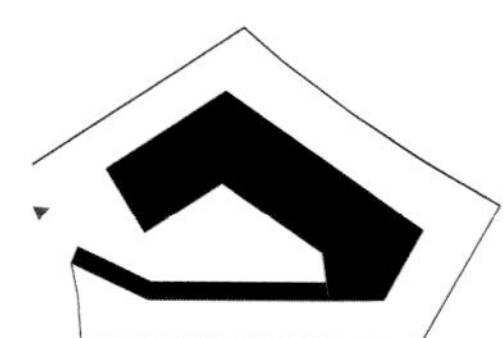

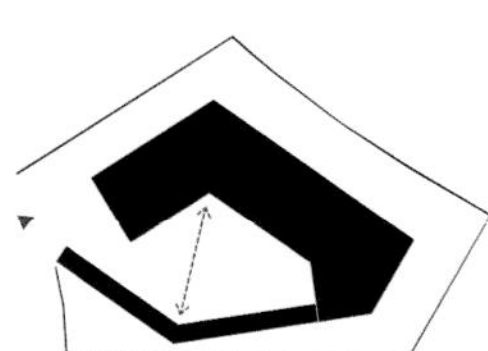

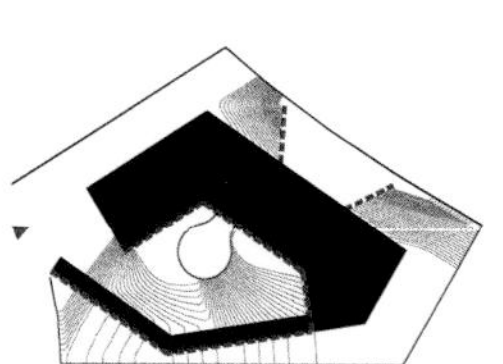

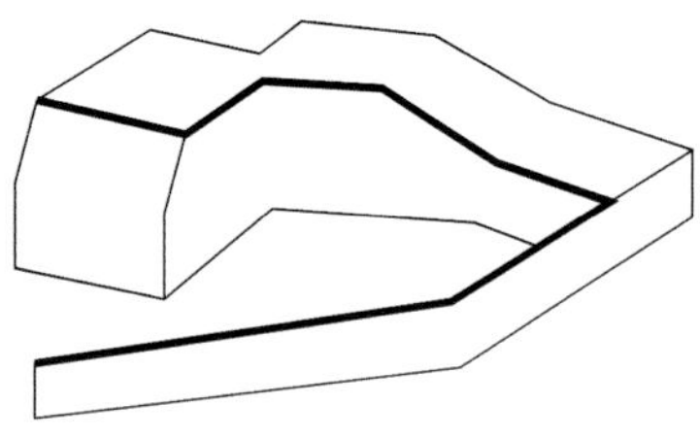

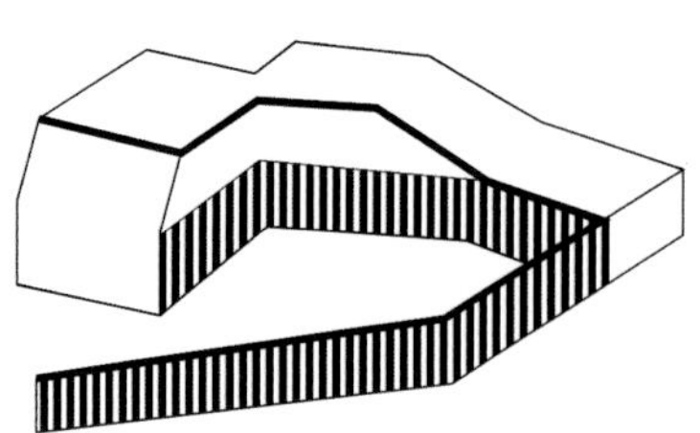

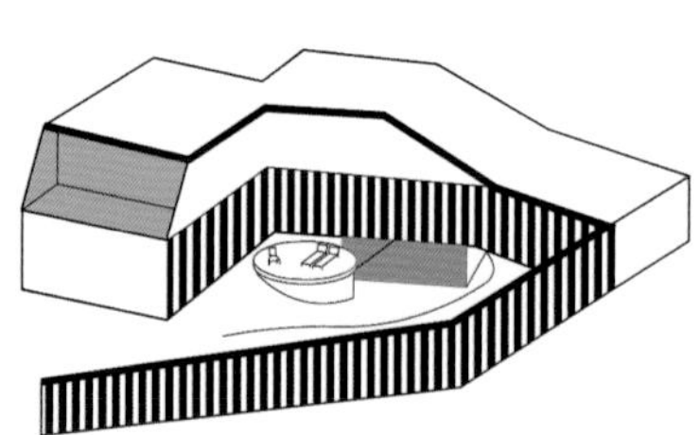

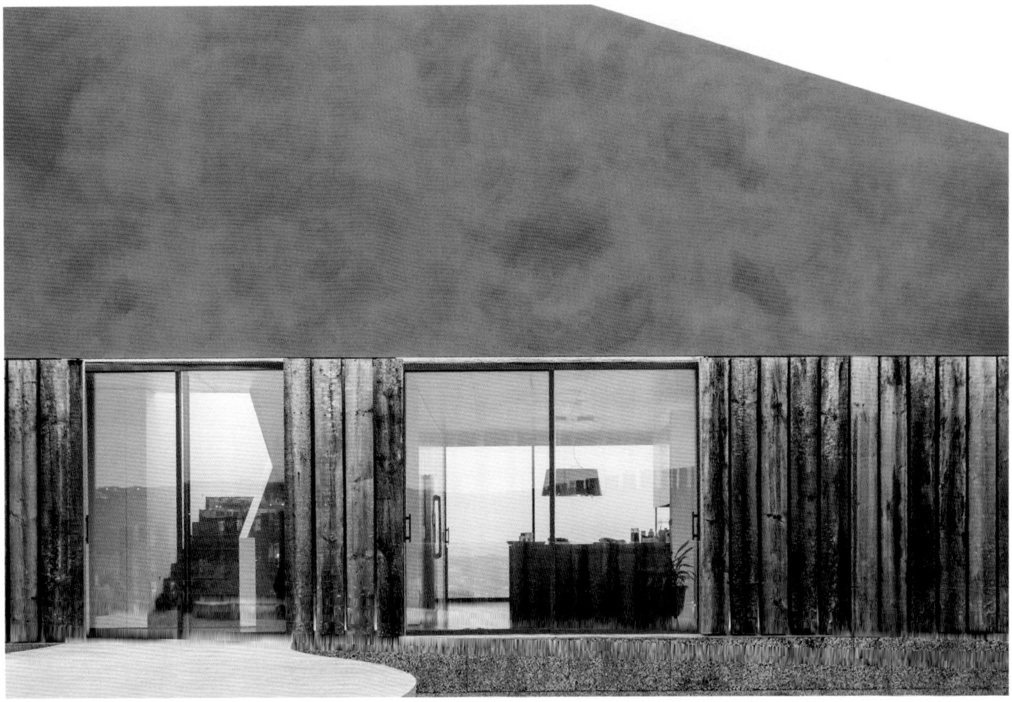

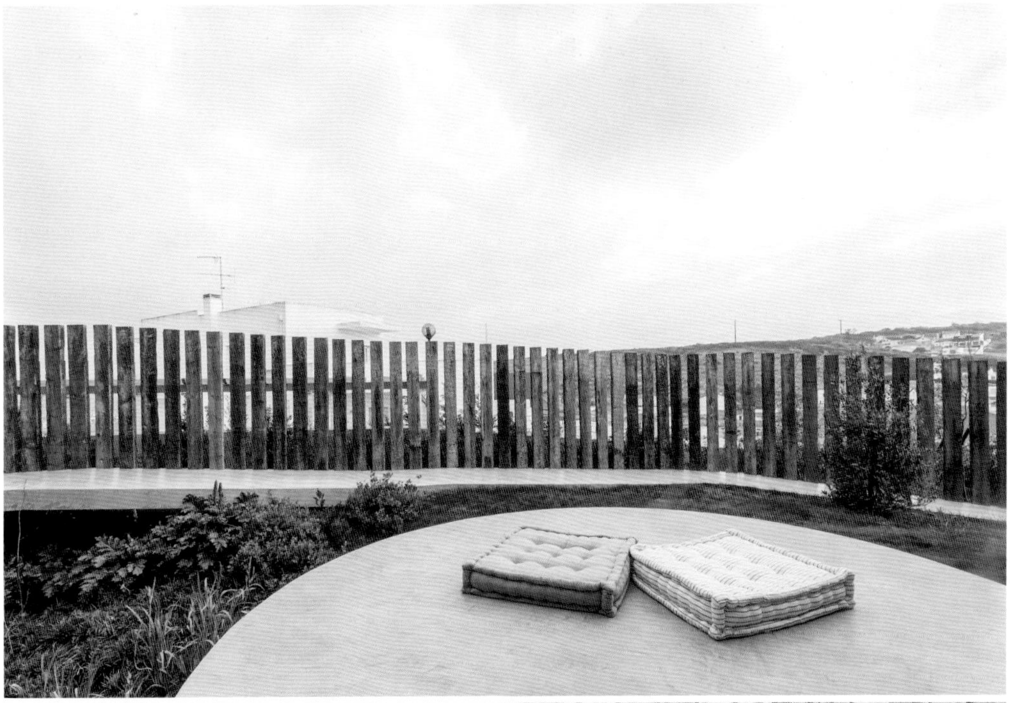

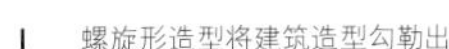

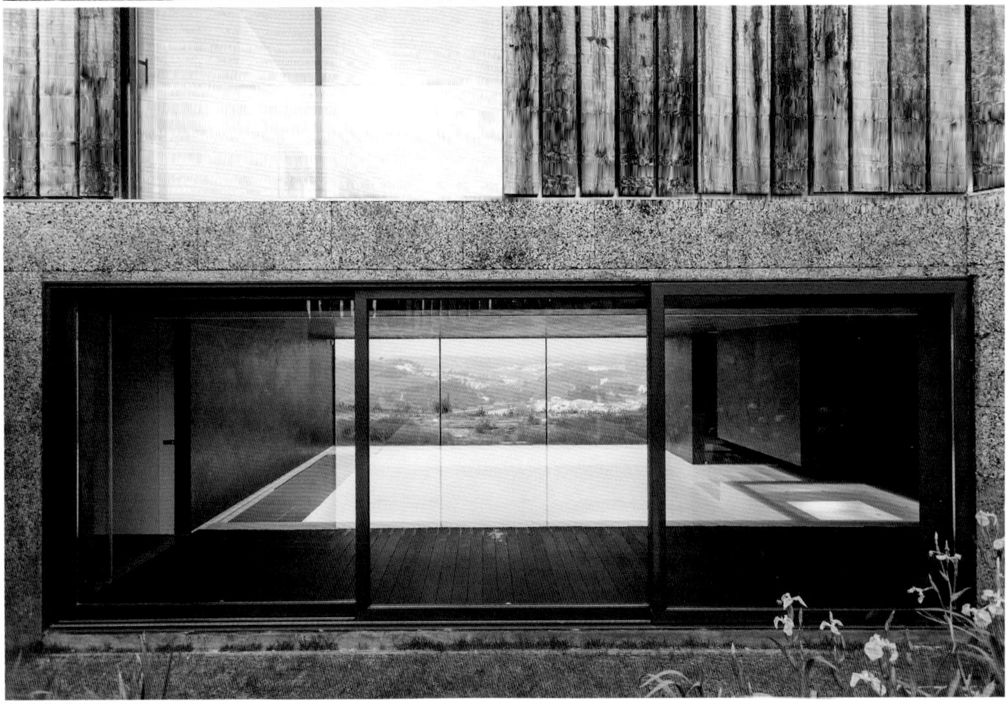

| 1 | 3 |
|---|---|
|   | 4 |
| 2 | 5 |

1　螺旋形造型将建筑造型勾勒出来
2　造型概念推演图
3-5　枕木围栏出自当地的废弃铁轨

| 1 | 4 |
| 2 3 | 5 6 |

1-6 建筑内景

# 树屋

# TREE HOUSE


撰　　文 | 姚远
资料提供 | 6a architects设计事务所


地　　点 | 英国伦敦陶尔哈姆来茨区
面　　积 | 57m$^2$
设计单位 | 6a architects设计事务所
设 计 师 | Stephanie Macdonald, Tom Emerson, John Ross, Alice Colverd, Cécile David
景观设计 | Mark Cummings Design事务所
结构设计 | Price & Myers事务所
竣工时间 | 2013年3月

树屋所在的位置是一栋1830年建成的砖砌农舍，被列入国家二级保护建筑，1970年代这栋农舍曾经参与GLC自耕农家园保护计划。目前，这栋房屋的主人是《观察家》杂志建筑评论家Rowan Moore的母亲，一个人在老房子里生活，随着年龄的增长，她不得不在室内依赖轮椅生活。所以，当建筑师开始着手旧屋改造的时候，他们得平衡传统农舍建筑的历史文脉，以及方便轮椅进出的现代化空间。

过去，人们从房间走到花园需要经过几级台阶。建筑师们考虑到轮椅进出的需要，首先从这个区域进行改造，把链接花园与房屋以及通往邻居家的通道都改成坡道，将整栋房屋的布局重新放置在花园的中心位置。从花园进入树屋，原本的一楼空间被划分为主卧以及卫浴空间。尽可能地简略空间功能的分布，让轮椅进出的老太太可以自如地进出室内外，正是建筑师的规划。俯瞰树屋，每个折角都对应着在角落中生长的树木。人们坐在室内对看树木的窗户，可以感受到树荫间洒落的阳光。

在这个57m²小空间中，建筑师同时注意到修缮保护建筑“修旧如旧”的可逆与可识别，采用漆成白色的软木地板与胶合板，再生材料做成的木结构等材料。在附加的木制栅栏上，建筑师还特别种植了一些可以攀爬在栅栏上的蔷薇与茉莉花，为树屋的绿色背景增添一些亮色。END

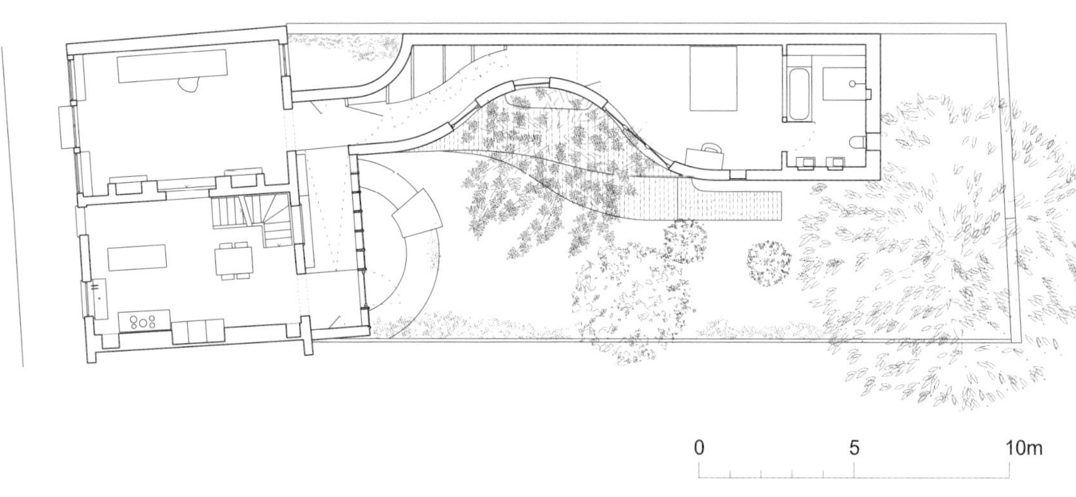

| 1 | 3 |
| 2 | 4 |

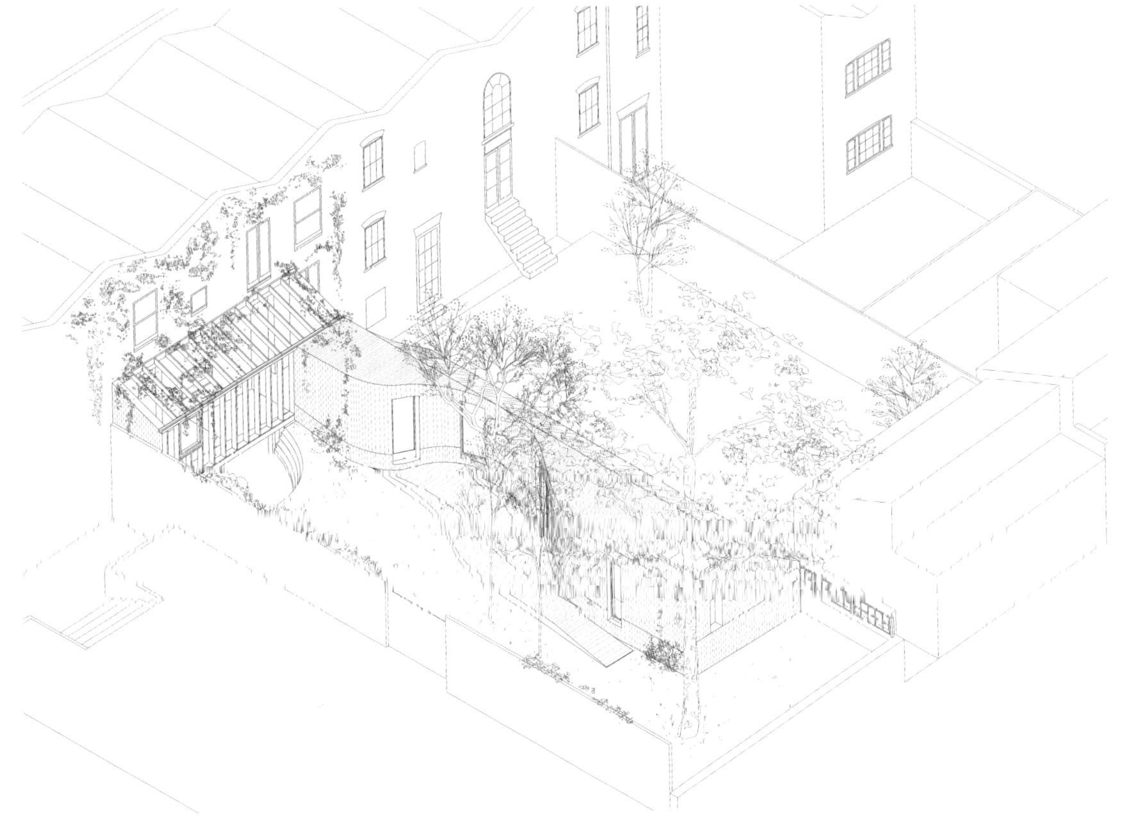

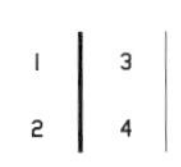

1 平面图
2 改造后的树屋
3 轴测图
4 使用再生材料建造的花园

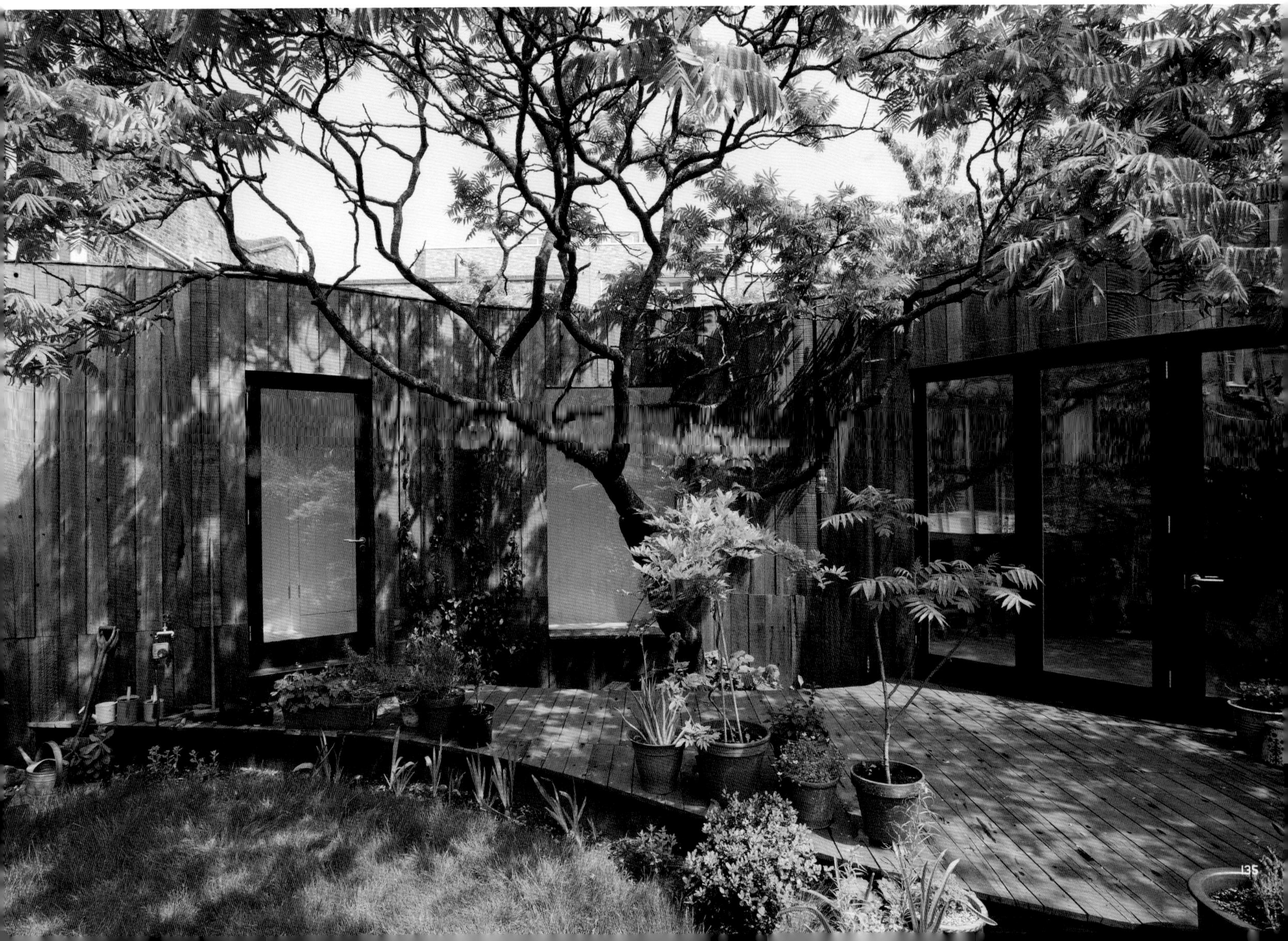

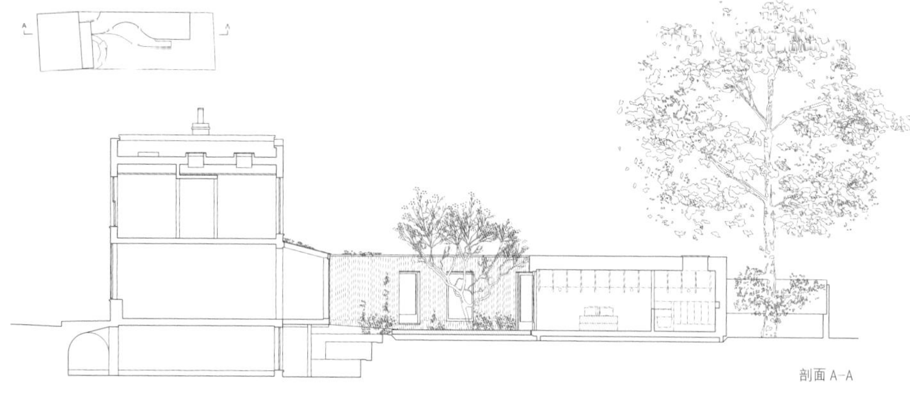

剖面 A-A

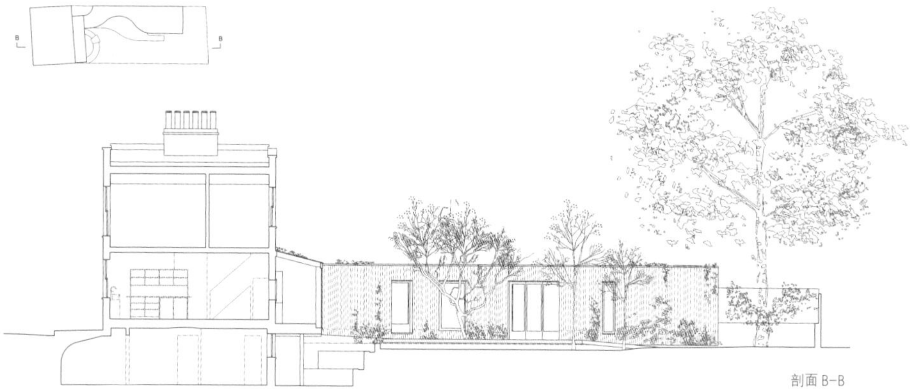

剖面 B-B

| 1<br>2 3 | 4 |
|---|---|

1 剖面图
2 坡道连接树屋与花园
3 生活所需品放在设计的矮柜中
4 供轮椅自由进入的走廊

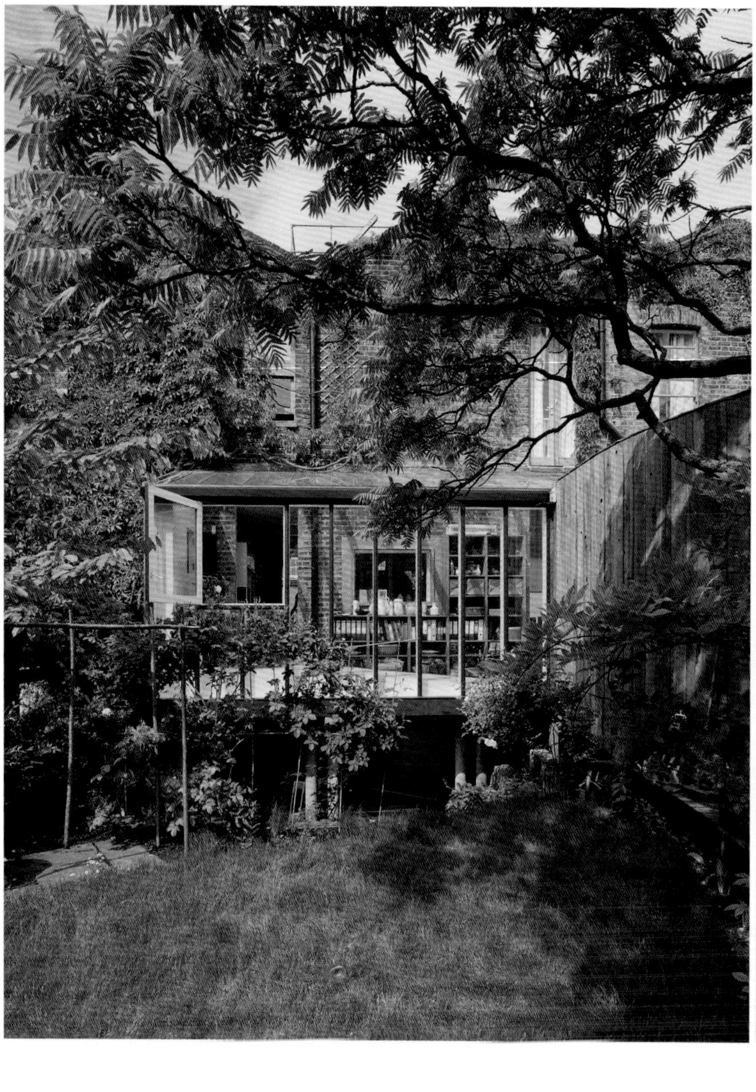

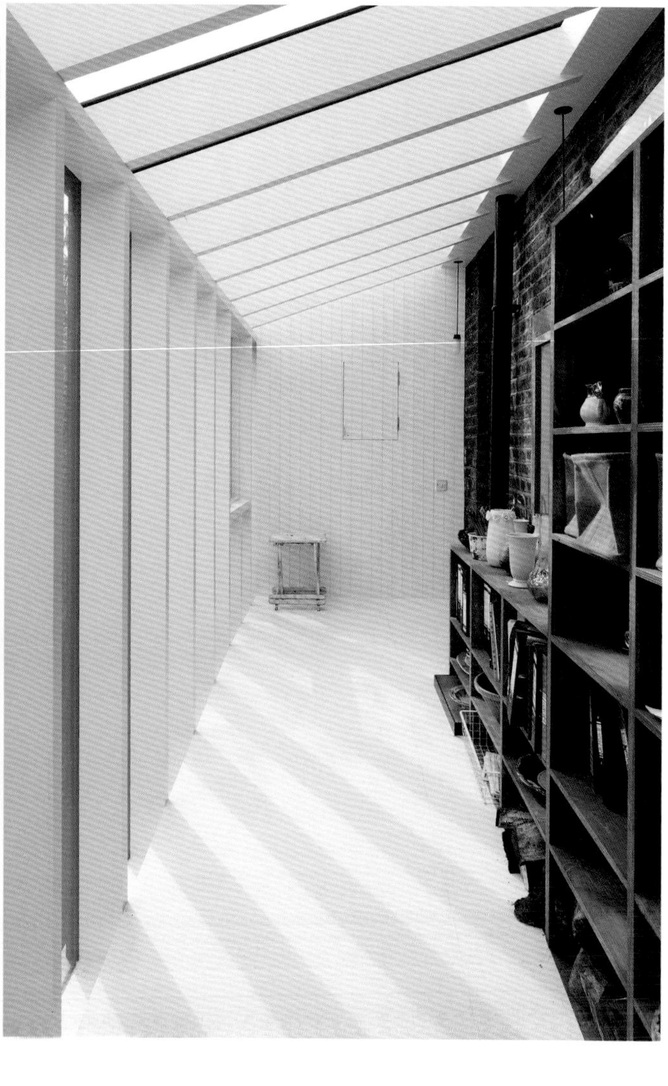

# Camelia 住宅
# CAMELIA HOUSE

撰　文 | 银时
摄　影 | Onnis Luque

地　点 | 墨西哥
面　积 | 300m²
设　计 | DCPP Architects
设计师 | Pablo Pérez Palacios,Alfonso de la Concha Rojas
竣工时间 | 2013年

1 楼梯是整个设计的亮点，被打造成雕塑般的形态
2 住宅原有的外立面被保持不变，以表达对房屋历史和外部社区环境的尊重

本项目位于墨西哥城南部San Ángel的一个社区中，是对一个原有住宅的改造和重整。

原来的住宅有二层，没有停车空间。其整个空间结构是基于承重墙发展起来的，这使得整座房子有种紧凑感，同时采光也非常差。设计师对于改造的概念，源自将横向和纵向动线作为相互关联的元素来考虑的创意，试图给整个空间带来更宽敞的感觉，同时为不同楼层带来充分的自然光，由此使整个住宅变得通透明亮，富于动感。

设计师决定让外立面保持不变，设计的介入只发生在住宅内部，这样是对房子原来样式的尊重，同时也是对社区外部环境历史状况的尊重。设计师唯一添加的东西是一个地下室，以创建停车位。

在住宅内部，一个贯通全部楼层的垂直楼梯井被插入空间中，楼梯被置放在这里，作为一个连接交通动线的元素。这个新的楼梯将其周围的空间组织起来，并且让自然光能够渗入到房子中来。

楼梯没有做一般化的处理，而是被概念化地打造成雕塑般的形态，又插进既有的空间结构当中。设计师希望房屋的原有部分和后来置入的新元素之间能够壁垒分明，这楼梯能够被视为独立的单个元素。与原来的白色墙壁形成对比，楼梯被设定为黑色的金属雕塑，从既有的空间结构中分离出来，这会造成一种楼梯仿佛是漂浮着的错觉。在楼梯的背面覆盖着反光板，反射在视觉上扩大了空间并使其变形，使阶梯显得舒缓，并为空间增添了流动感。

空间其余部分的改造，基本上保持了与住宅原有气质一致的风格，只有后院被重新打造了。设计师采用了在楼梯上用过的概念性的对比，保留了老的建筑原本的材质面貌，而所有的新元素则被涂上黑色，以示差别。END

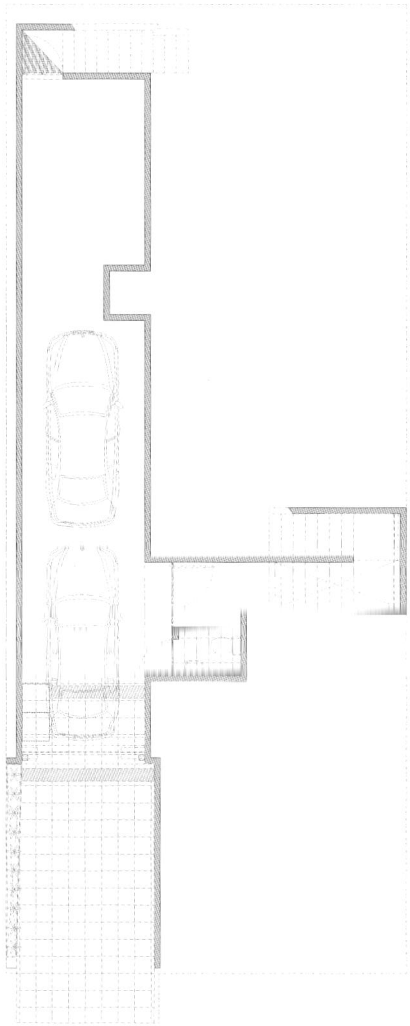

地下层平面

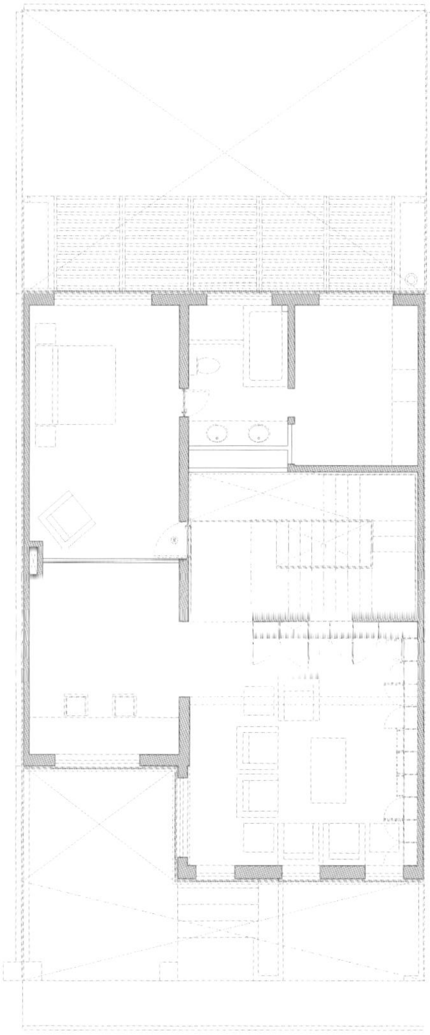

一层平面

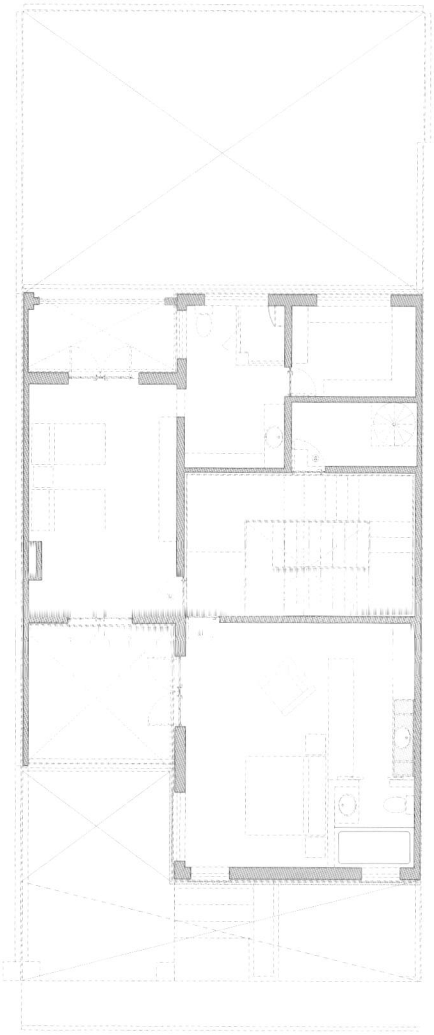

二层平面

| 1 | 3 4 |
|---|---|
| 2 | 5 |

**1-2** 室内和屋后的庭院通过大幅的落地窗形成交融，也为室内带来充足的日照

**3-5** 楼梯贯穿房子的纵向空间，其背面覆盖反光板在视觉上扩大了空间并使其变形，使阶梯显得舒缓，并为空间增添了流动感

# 2014 蛇形画廊
# SERPENTINE GALLERY PAVILION 2014

撰　文 | 匪思
摄　影 | Iwan Baan, John Offenbach

地　点 | 英国伦敦
建筑师 | Smiljan Radić
建筑面积 | 350m²
竣工时间 | 2014年6月

每年蛇形画廊的户外展馆，无疑是国际建筑界内的“华山论剑”场，技艺与理论的暗流涌动丝毫不亚于某些“大师”奖项的评选。今年崭露头角的赢家是智利建筑师Smiljan Radić，他成为继藤本壮介、扎哈·哈迪德、赫尔佐格 & 德梅隆、卒姆托等建筑师后，第14位为蛇形画廊设计展馆的建筑师，然而在此之前，主流媒体上鲜有他的相关报道出现。

在350m$^2$的草坪上，Smiljan Radić设计的建筑物如同外星生物一般盘踞在场地中央。建筑物采用巨石作为主体，石块上则盘踞了一个模拟贝壳的展示空间。用玻璃纤维做成的空间，在石块内部，形成一个带有坡度的环绕小径。因为去年藤本壮介所设计的展馆，据统计迎接了超过20万的参观人数，所以当Radić设计时，特别考虑到容纳人数以及便于人流疏散的参观路线。建筑物本身亦是为了吸引更多人参观而设。尤其到了夜晚，建筑物的彩色灯管被点亮，半透明的贝壳带着些许柔软的琥珀色灯光，“它能够吸引路人的注意，好似路灯能诱惑飞蛾一般”。就连参加开幕式的建筑师们都纷纷拉着Iwan Baan，让他用相机记录下他们身在此地的各种搞怪合照。

建筑师则认为，这件作品是对“16世纪晚期至19世纪初期建筑潮流的继承”，延续传统中在一个大型花园中建造一栋“小型的浪漫主义建筑物”，“好似碎石堆一般随着时间的消逝而日渐破败，这样的造型则消解了当代建筑物无法融入自然环境的局限”。因而，一身“天行者卢克”造型的建筑师Smiljan Radić出现在此次蛇形画廊展馆报道中，更加深了人们对这栋建筑自然观的理解。END

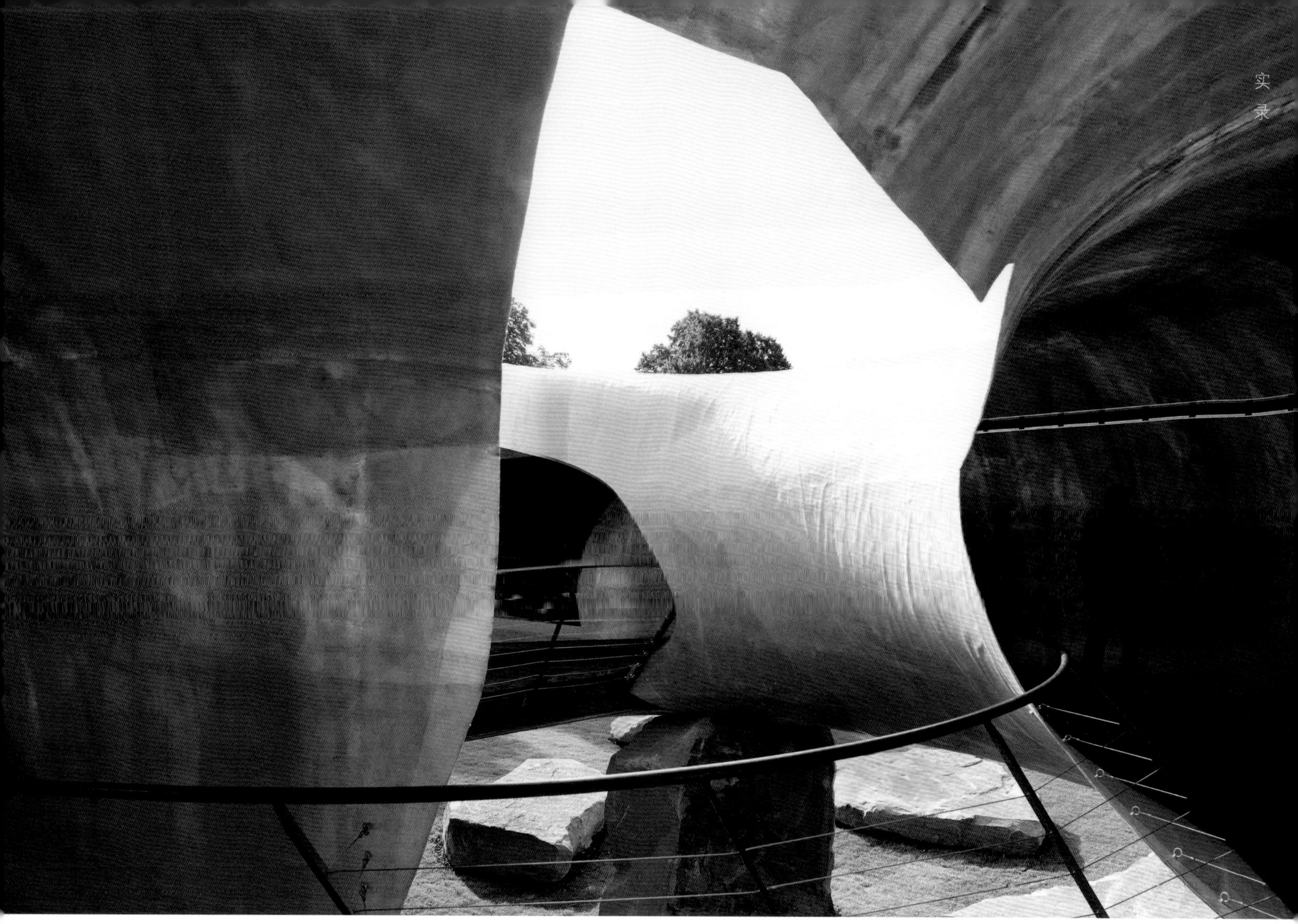

| 1 2 | 4 |
|---|---|
| 3 | 5 |

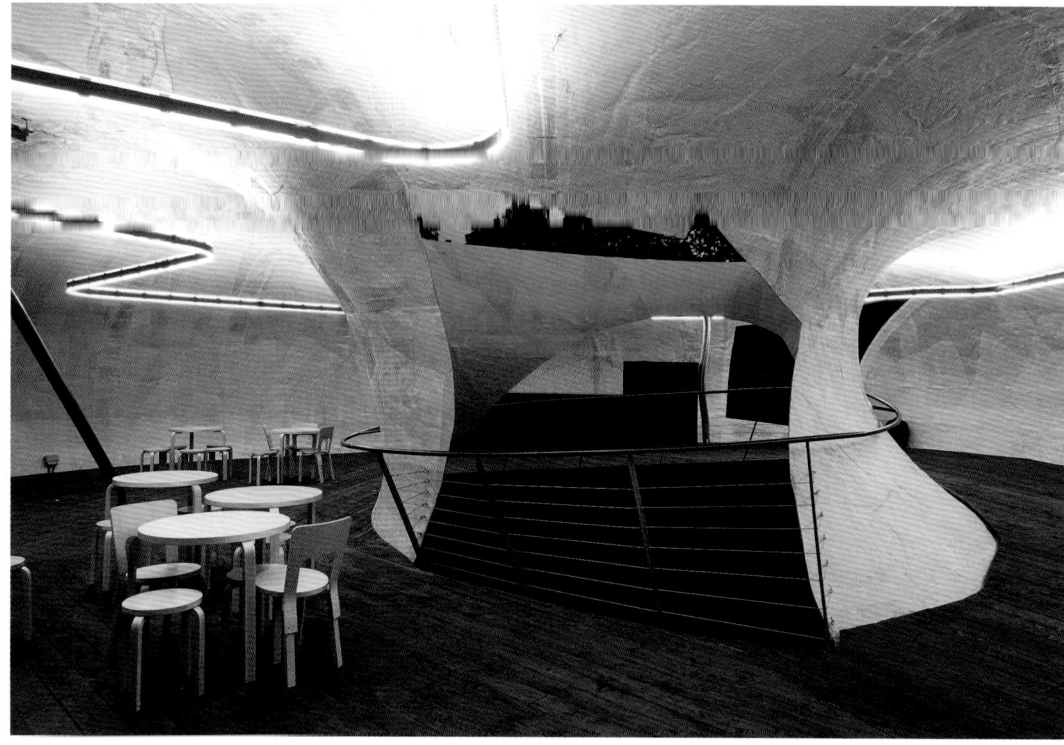

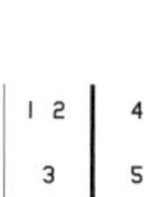

1 建筑师曾做过的一件艺术作品 The Selfish Giant's Castle
2 灯光下飞蛾扑火的造型 ©Iwan Baan
3 盘俯在地面上的巨石阵 ©Offenbach
4-5 阳光下与夜晚的明暗对比 ©Offenbach

# 叠屏
# FOLDING SCREEN

| | |
|---|---|
| 摄　　影 | 王宁 |
| 资料提供 | 建筑营工作室 |

| | |
|---|---|
| 名　　称 | 荣宝斋西画馆 |
| 地　　点 | 北京，琉璃厂 |
| 建筑面积 | 400m$^2$ |
| 项目类型 | 展示+改造 |
| 设计团队 | 韩文强、丛晓、孔琳 |
| 设计时间 | 2012年12月~2013年2月 |
| 竣工时间 | 2013年3月~2013年5月 |

项目位于北京和平门琉璃厂西街，这里算是北京最为知名的古玩字画老街了。街道建筑兴建于 1980 年代左右，由政府统一规划。房子是清一色的钢筋混凝土结构的两层仿古建筑，带有一层地下室。

设计目的是创造东方、禅意、自然、朴素的空间氛围，同时在现有柱网的限制条件下，使得室内空间得到最大化的呈现。屏风作为中国传统室内空间的组成部分，起到分隔、美化的作用。它与古典家具一脉相承，呈现出一种和谐、宁静之美。

设计利用屏风展墙作为基本语言，将现状建筑空间整合起来。首层由固定屏风围合成一个上下通透的盒子展厅，给人以鲜明的第一印象；二层折叠的屏风展墙使空间能够弹性利用，提高空间利用率。地下室通过软膜顶棚形成一个类似庭院一般的亮空间，消除地下空间给人的压抑感。

叠屏将传统的艺术精品通过当代空间语言传递表达出来，让更多的人乐于参与到这样的空间之中，从而传递公共价值。END

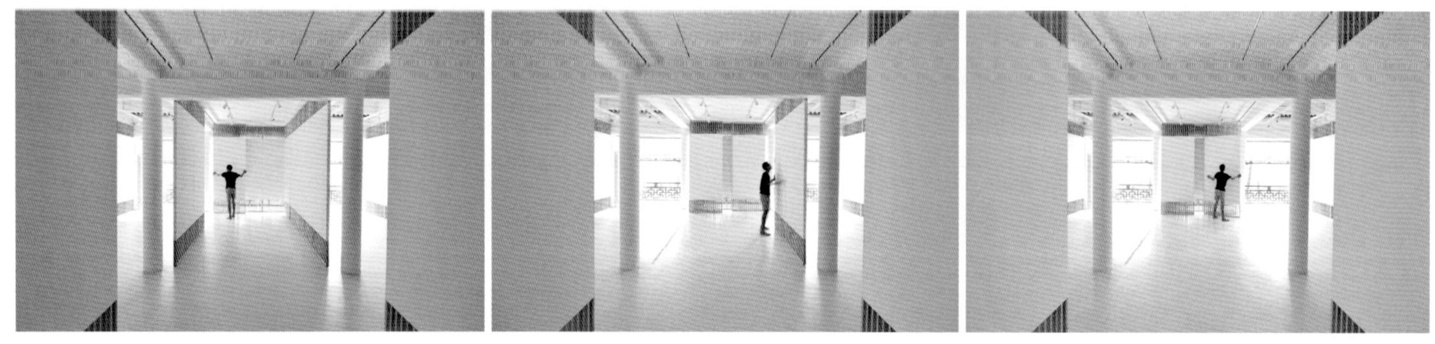

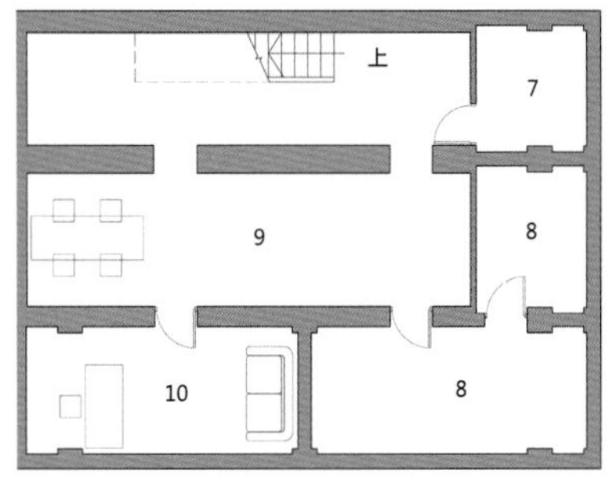

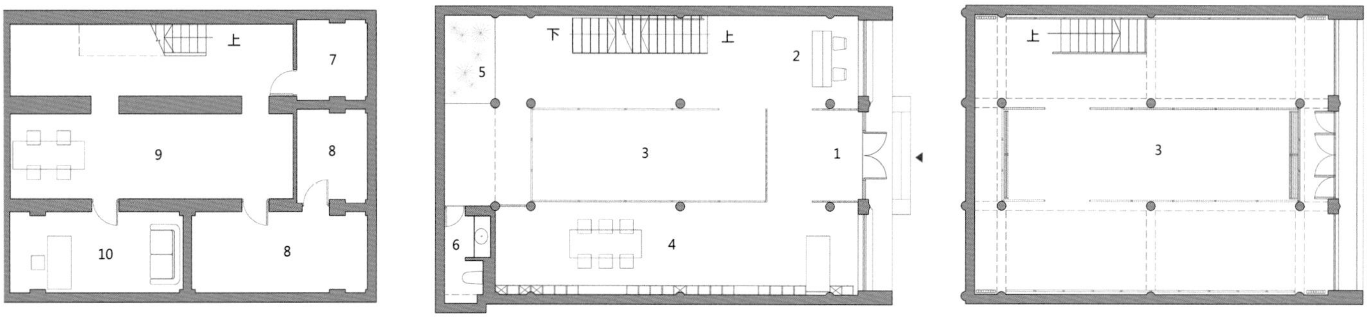

地下层平面　　首层平面　　二层平面

1
2
3 | 4

1　室内实景
2　平面图
3　展厅
4　裸露老屋顶构架的楼梯间

1　门厅
2　收银台
3　展厅
4　沉香堂
5　室内景观
6　卫生间
7　机房
8　库房
9　开放办公区
10　经理室

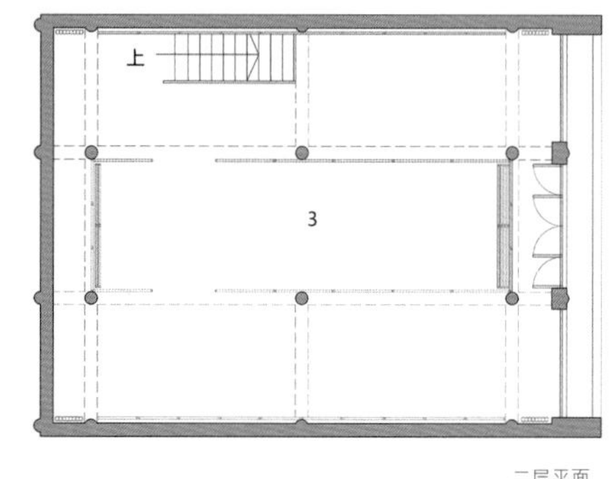

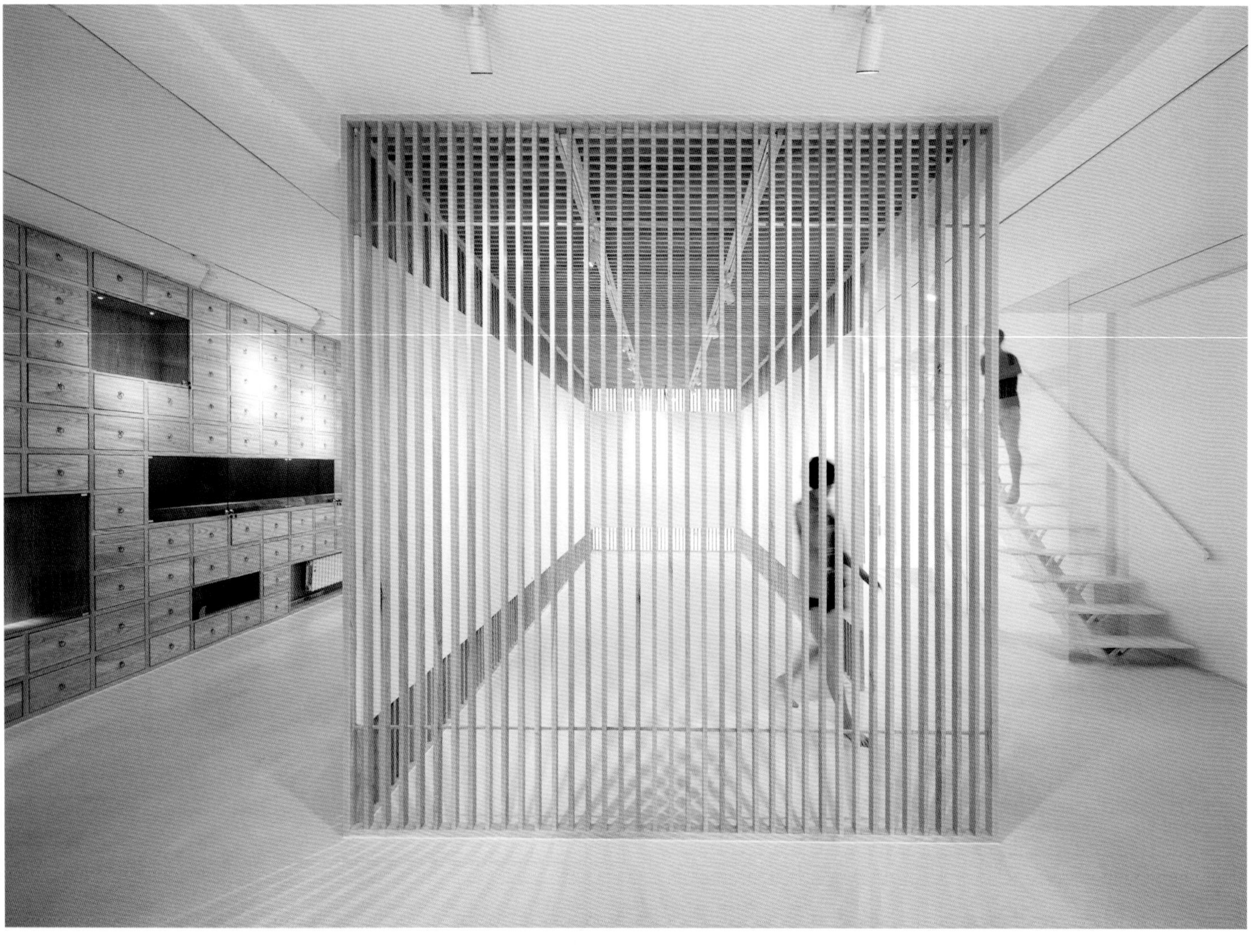

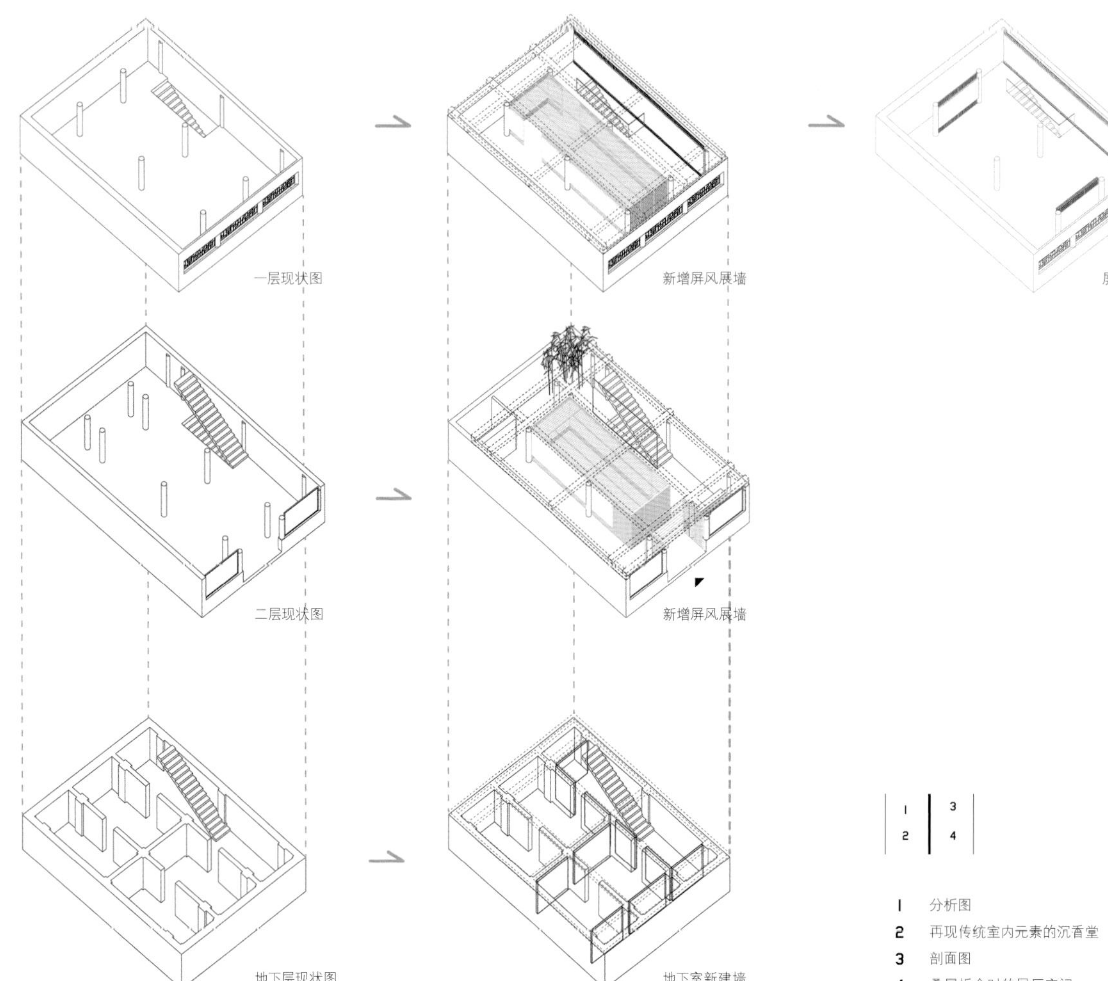

| 1 | 3 |
|---|---|
| 2 | 4 |

1 分析图
2 再现传统室内元素的沉香堂
3 剖面图
4 叠屏折合时的展厅空间

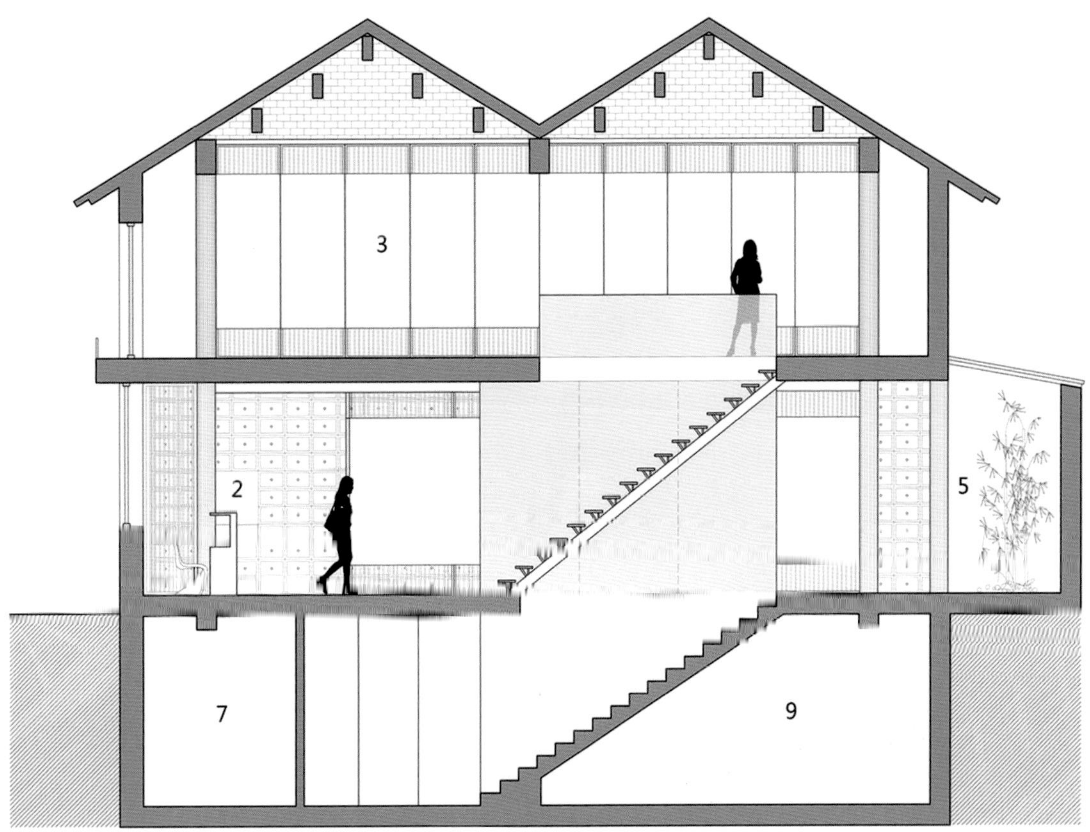


剖面图

1 门厅
2 收银台
3 展厅
4 沉香堂
5 室内景观
6 卫生间
7 机房
8 库房
9 开放办公区
10 经理室

# 时代广场 UA Cine Times

## UA CINE TIMES

| | |
|---|---|
| 摄　　影 | Jonathan Leijonhufvud |
| 资料提供 | 壹正企划 |

| | |
|---|---|
| 地　　点 | 香港时代广场 |
| 面　　积 | 约3 700m² |
| 设　　计 | 壹正企划 |
| 设 计 师 | 罗灵杰、龙慧祺 |
| 竣工时间 | 2013年 |

在 21 世纪科技发达的今天，拍电影全部采用高清数码技术，在这个全方位数码化的时代，旧式的胶卷菲林早已淹没在历史的洪流当中。但胶卷菲林曾在漫长的人类发展史里担当过举足轻重的角色，这个重要的历史成就谁也不能磨灭。因此时代广场 UA Cine Times 影院设计正以胶卷菲林作为主轴，唤醒那段被人遗忘已久的历史。

整间影院以黑白作主色调，一大片白色以胶卷的姿态萦绕着四周，它时而铺张，时而沿着建筑物本身的形态，自由弯曲起舞，延续胶卷应有的灵活性，在戏院顺滑地穿梭。而纤细的黑色条纹随意地将白色的“胶卷”分隔开，令纯白色的背景衍生出不同大小的长方形，远看就如摺叠起来的胶卷，起伏不一。

甫踏进影院，观众先看到一排黑色的“电影墙”，墙的左右两旁各挂有两个中视荧幕，让他们一睹最新的电影预告，再选定中意的电影。当移步到购票大堂，修长而顺滑地弯曲的柜台瞬时令来宾止住了脚步，那种弯曲的弧度跟墙上的“胶卷”有着隐约的一致性，设计延伸了戏剧的张力之余，再添一份内涵。

顶棚上纵横交错的特制黑色 LED 射灯，由八种不同长度的射灯组合而成，长度由 1m 至 6m 不等，每支射灯的方向跟角度也不同，在顶棚自由交织，令人感觉就如身在拍摄现场一样，不由自主地被牵引到电影之中，化身成片中的男女主角。由于不同的折射效果，营造出多个光与影的组合，观众追逐着灯的影子之时，亦不自觉地寻找着属于自己的影子。

由黑及灰色石组成的地板，其构图亦是胶卷概念的延伸，在地板交织出不同的图案。在这里，黑色成为“胶卷”的主色调，灰色就充当划分的角色，将一大片黑色划分成多个不规则的几何图案，有别于胶卷常见的长方形状，增添趣味。

顺着走廊一直走去，大堂的统一性犹在，好让观众于步进影院观赏影片前一刻，仍然继续沉醉在电影世界之中，为开场前做足“热身”。影厅将大堂及走廊所用的照明元素继续延伸，长短不一的吊灯射向不同方向，提升影厅的立体感，就算尚未有观众入座，亦制造出高朋满座的热闹感觉。END

| 1 / 2 | 3 |

**1** 一大片白色以胶卷的姿态萦绕着四周，而纤细的黑色条纹随意地将白色的"胶卷"分隔开

**2** 顶棚上纵横交错的特制黑色 LED 射灯，由八种不同长度的射灯组合而成，每支射灯的方向跟角度也不同，在顶棚自由交织，令人感觉就如身在拍摄现场

**3** 由黑及灰色石组成的地板，其构图亦是胶卷概念的延伸，在地板交织出不同的图案

14

# 石为云根：金缮之道

撰　文 | 匪思
资料提供 | 石为云根

“年轻时，我也是摇滚青年，画版画，喜欢西方艺术，不爱看中国古典”，坐在位于江南大学工作室里的邓彬，一边娴熟地泡起功夫茶，一边回顾艺术青年时代的自己。今天，他的工作室里已不再摆放着艺术青年时期的“标配”，原先当代艺术风格的画作都收拢放进抽屉，留出所有的空间来堆满出自中国各个时代的器物与家具。工作室的白墙上悬挂着道家意味十足的画作，就连室内的空气中都弥漫着一股出自“大漆”及桐油的古早味。

邓彬另一个为人熟知的名字，石为云根，词句出自杜甫，名字却伴随网络而生。他在2008年开始“混迹”雅昌论坛，这个名字的活跃度时而出没在赏石、明清家具、或是高古陶瓷各个板块。对逝去的bbs网络时代稍有了解的人，可以想象那个突如其来的信息爆棚年代。以往通过书本才能了解的知识，可以由网络“大神”贡献精华帖，把自己积累几十年的经验如数家珍、图文并茂地贴给网友看。此时，邓彬自华中师范大学版画专业硕士毕业后，已经在江南大学工作四年，读书时拿到的几个全国级版画大奖，让他一直沉浸在当代艺术领域。虽然他隐隐觉得受市场审美趣味引领的艺术总不是自己想要的，可他能做的也仅是用咖啡、药水或者其他古怪的东西取代油画或是水彩颜料作画。“我不喜欢那种‘熟’的感觉，用不熟悉的材料作画，就像日本文化中的侘寂（wabi sabi），一旦一种技法熟练后我就不想尝试，想给自己制造一点障碍”，自此，他被论坛领进匠人以及中国传统文化的世界，从邓彬到石为云根的转变，恰恰是这段经历的见证。

金缮，并不是邓彬最先进入的工匠手艺。他最早开始“下手”做的事情是修缮家具。在名为“废柴集”的系列帖子里，他先是收藏明清的榉木家具，因为找不到靠谱的木匠来修理，索性自己开始琢磨怎么做。在修理过程中，他遇到三扇出自苏州的大漆隔扇门。大漆，又称生漆，用割开漆树树皮流出的液体加工而成，用大漆制成的漆器，与中国器物文明一同诞生。原本绘有精美图案的门，由于空鼓严重，漆、灰层与木之间发生起翘、断裂，而邓彬想到的不是用当下流行的502胶水修复法，而是用欧洲文艺复兴绘制壁画的“堪培拉技法”，将鸡蛋清注射进漆与灰层的空隙。这场被戏称为“巧克力脆皮拯救记”的修复经验，让邓彬开始了做漆器的道路。

用漆器的方式做茶则，除了用黑漆之外，邓彬买来朱砂，捣细了做成朱砂红版。为了体验漆器“肥润”的触觉，改造了一把饭铲。就连漆器最复杂的嵌螺钿、剔犀，他都尝试了一遍，而所有的知识都来自网络分享与比较古小版本《髹饰录》中的工艺。“任何手工艺的进入门槛都不高，都可以快速地掌握，所谓三年学徒出师，但是要求做到拔尖，这就不是简单的事情，得靠个人修行”，邓彬想做的则是把有关漆器的工艺都尝试一遍，甚至钻研到学术层面，比如去博物馆寻找资料，研究如何复原圈结胎的工艺。然而，他没想到的是，做漆时偶遇的“金缮”却是让人们开始关注石为云根的起点。

就像邓彬之前做的修补工作，既然用大漆修理木制家具，也可以用大漆修补陶瓷、紫砂、玉器、琥珀。在修补牢固的基础上，再加以金箔、金粉等装饰材料，这门源自日本的技术就叫做金缮（Kintsukuroi）。有趣的是，邓彬是从一部网络流传的日本手工艺纪录片里了解金缮的工艺手法，再通过网络寻找到具体的工艺步骤，全凭自己揣摩，修复了一系列器物。除了金缮之外，用银粉修缮的银缮技法也很快地为他所用。借用他朋友的说法，一件好的工艺作品应该做到实用，工艺做到极致，以及器物本身要有哲学。而金缮，则吸纳了日本文化中物哀的精神，以及当下设计潮流的环保理念，加上邓彬出自科班培训的艺术审美，从微博知道石为云根的人越来越多，除了专业收藏家，找他修缮自己破损器物的私人用户也日益增多。

金缮工艺，对邓彬而言不是抵达匠人之道的唯一选择，而是他作为传统工艺研习者一路经历的风景。有趣的是，这是一位从事艺术而非设计领域出身的手艺人，而邓彬自己也认为，创新这个字眼导致当下不少设计师过于突出个人烙印，忽视实用性，而他想做的则是在修复各类中国传统家具、食器、摆件以及茶器的过程中，寻找传承的契合点。

正如他为做一个书架可以花费三年多时间，从各地淘来的清末锄头、锅铲柄上找到匹配的木头。金缮，亦是他寻找手艺之道的必经之路。“前年我去苏博看沈周展览，一句诗词看得我眼泪都快流出来了，‘流云过屋上，落叶在书间’，看似平淡，实际上蕴涵着生命的深刻”，邓彬认为最理想的传承，就像这句诗词一样，把古代的情感与当下人的生活经验结合起来，要做到这些，“我的未来依然得耐得住浮躁”。END

1 金缮的起源来自物哀传统对旧物的珍惜
2 工作室中摆放的江南手工艺收藏
3 朋友寄来的碎碗，需揣摩再三而后下手修补
4 金缮同样可以用来修补琥珀
5 挂满邓彬自己画作的工作室
6 侘寂的尺度需足够的匠心来呈现
7 邓彬将金缮工作室命名为“楚山”
8 用银粉修补的银缮也能用来修补瓷器

范文兵

建筑学教师，建筑师，城市设计师

我对专业思考秉持如下观点：我自己在（专业）世界中感受到的“真实问题”，比（专业）学理潮流中的“新潮问题”更重要。也就是说，学理层面的自圆其说，假如在现实中无法触碰某个“真实问题”的话，那个潮流，在我的评价系统中就不太重要。当然，我可能会拿它做纯粹的智力体操，但的确很难有内在冲动去思考它。所以，专业思考和我的人生是密不可分的，专业存在的目的，是帮助我的人生体验到更多，思考专业，常常就是在思考人生。


# 美国场景记录：社会观察 II

撰　文 | 范文兵

**1. 中产的真实状态**

晚上，在网上和刚从美国回国的朋友聊了两句天，得出一些“政治不正确”的结论（这里所谓的“政治不正确”，主要是针对当下国内民众的普遍看法而言）：国内民众普遍有幻觉，以为美国中产生活悠闲、赚钱容易、上学自由；我们共同的感觉正好相反，中产上学的确比较自由，没有时间和年龄限制，但基础是钱，我们观察到的普通中产们，工作普遍非常勤奋，赚钱不是那么容易。

这里先对中产（middle class）概念做个解释。在美国，中产界定主要依据家庭年收入，超过5万美元就可算中产，与工作性质是蓝领或白领没有关系。另外，与国内不同，美国蓝领收入不一定比白领低，特别是一些专业工种，如装修工、空调维修、护士等，比一般大学毕业出来坐办公室的白领，收入要高出一截。

在俄亥俄州哥伦布市，我认识一个典型的美国中产家庭。夫妇都50出头，丈夫是水电工，妻子是护士，住着5年前买的两层大House，下面有一个满铺地下室，还一个很大的后花园，全家共有3辆汽车。夫妇育有两子，一个已结婚搬出去，小儿子还住在家里。一家三口由于工作关系，平时很难碰到面。小儿子晚上要通宵帮人看店，丈夫因为施工工地关系，有时会开车一两个小时去远处上班，下班回家通常已是晚上九十点，自己简单弄些东西吃吃了事。而此时，做护士的妻子早已睡觉，因为一大早5点就要起床上班。这还是收入不错的护士和水电工组成的中产之家的日常生活状态，我接触到的其他收入稍微低一些的普通中产家庭，更是非常勤奋地工作着。

以我观察，孩子的大学费用对大多数美国中产家庭来说，绝对是一笔巨大开支，不是咬咬牙就可以轻易解决的。很多家庭在孩子很小的时候就开始攒学费，孩子还要自己打工贴补，很多人到上大学时，还需要办理助学贷款。

我在大学里看到的美国普通本土学生，绝大多数都非常节省，和很多来美国上大学的中国孩子相比，吃、穿、玩上面，都要节省得多！我当然知道，到美国读书的中国孩子背景差别很大，很难一句话说清，但一眼看上去，总体而言，还是美国孩子节省些。作为一名中国的大学老师，我有时会禁不住想，如果等比对换回国内，那么，让中国城市普通中产家庭感到巨大压力的大学学费，又应该是多少呢？

很多美国孩子（包括家长），从小就有“要自己努力挣生活”的观念。很多学生一上大学，父母就不再资助。国内的宣传，常常会把美国孩子的勤工俭学一厢情愿地“文学化”为锻炼自己，而真相，其实是生存的必须！

我自己就好几次在超市购物时，遇见昨天还在课堂上与我讨论设计的学生，或在收银，或在搬货，他们见到我时都会快乐阳光地对我大声说，嗨，fan老师好！

注1：皮尤研究中心(Pew Research Center)最新报告指出，全美有五分之一的家庭不得不求助于学生贷款。去年全美教育贷款超越1万亿美元。报告称，户主年龄在35岁以下的家庭，有40%背负着学生贷款。所有背负学贷的家庭，平均未偿还贷款额度从2007年的23349美元，增加到2010年的26682美元。——来源：http://yibada.com/news/view/21328252/《美国大学学费持续上涨 最高已突破每年6万美元》

注2：美国人口普查局最近发布的全美社区调查数据显示，2011年美国家庭的中位年收入是

50502 美元。——来源：http://yibada.com/news/view/21330054

注 3：《纽约时报》：报告显示美国大学费用再次上涨。扣除助学金和学费退税，一名学生在本州公立四年制本科院校的学杂费和食宿费平均为 12110 美元；在私立非盈利院校，这个数字为 23840 美元。——来源：http://cn.nytimes.com/article/education/2012/11/19/c19collegeprice/dual/]

**2. 被猎奇的“异域”**

晚上，在 OSU 的 Wexner 中心，看住校电影家（visiting filmmaker）墨西哥女导演 El Velador 拍摄的两部纪录片。

第一部叫《水有一个完美的记忆（All water has a perfect memory）》。很短、很私人，记录她 7 个月大时，2 岁姐姐在自家泳池中身亡的事情。她分别采访父亲（说墨西哥话）、母亲（来自北美，说英语）、弟弟（说英语）。这个家庭有别墅，泳池，完善的录像设备，英语口音标准，一看就知道，住墨西哥肯定属于中上阶层。

第二部叫《守夜人（The night watchman）》。时间很长，记录的是一个墓园守夜人的日常生活，同时通过守夜人晚上看一个黑白小电视的新闻画外音，提示着墨西哥的毒品战争、年轻人不正常死亡等大时代背景。

片子一开始，出现了一堆密密麻麻挤在一起的二、三层楼欧陆式风格的房子，起初我还以为是一个讲述住在别墅烂尾楼里穷人的故事（这是发展中国家一个标准“异域题材“），却原来，那些房子全是一个个墓地。

这些墓地（房子）全都可以进人，还有气派的楼梯引人去二层。大门多为双开的玻璃门，有钥匙可以锁门。一层一般就是一个灵堂，主要用来摆放逝者巨幅彩色照片，以及长明的烛火。二层大多是一个屋面为穹顶的空间，穹顶下悬吊着硕大的水晶灯，晚上会大放光明。墓地（房子）里面的装修很高档，大理石地面，钢制木楼梯。乍一看，这些墓地（房子）和一般活人住的房子没太大差别，唯一不同的是面积比较小，每个墓地（房子）占地大概在七八平米见方。

墓地（房子）成排成行地组成了几个街块，街块之间是可以开车的五六米宽的道路。道路属于公共部分，全是破破烂烂的石头土路，两个墓地（房子）之间，也是烂石头土路，但只要一碰到属于私人墓地（房子）的地方，大理石铺地、大理石台阶、精致的栏杆和绿化就会出现。这些精致的私人部分和破烂的公共部分，形成鲜明对比。墓园中还有两三个街块，是由普通的墓碑群构成。

片中的画面主要有：工人建造新墓地（房子），工人下班后清洗干净回家，不断有人哭泣的葬礼，一个寡妇隔三差五为她原先做警察的先夫墓地（房子）做清扫，一个趁葬礼卖零食、水果的杂货车摊，墓园外围尘土飞扬、垃圾遍地、野狗乱跑……这一系列场景，如果你去过中国的普通乡镇，应该不会觉得有太大新鲜感。

影片放完后导演和观众问答环节的状态，我想，应该是来自发展中国家的“异域艺术家”在美国（西方）遭遇到的典型境遇。

大家基本不讨论她的个人化故事，问题全集中在有着“异域色彩”的《守夜人》上。全部 20 多个观众中，至少有一半看上去跟墨西哥有关。其中两三位发言非常积极，激动地用带有浓重口音的英文大声说自己在片中感受到了墨西哥文化。而明显中上层出身，观念、举止已然国际化（西方化）的导演则极力否认，说这个不是她想要表达的主题，她关注的是普遍的人性问题。她的这个回答，其实也是“异域艺术家”在西方的标准答案。

然后，是几个美国本地人提问，询问她是如何找到这个人物和故事的，以及如何跟他们打交道的。导演还是蛮坦诚的，说不知道，她只是遇见了，然后觉得那个守夜人性格和身体语言有力量，就拍了。

说实话，除了那些奇异的墓地（房子）满足了我的“异域猎奇心”外，这部片子的艺术质量，比如导演在结构的控制、人物的挖掘上，只能说一般。

这个片子及其观众（包括我自己的）反应，再一次印证了我的一个看法，由于接受者的兴趣点以及理解力等因素，异域题材是否够猎奇、是否切中接受者当下自身的兴奋点，是异域作品在美国（西方）引起关注的最重要原因，而艺术质量的高低，远在其次。这和很多中国艺术家的作品，被猎奇式、题材式简化接受，如出一辙。

于是产生出些联想。近几年，随着中国建设量的剧增，在本专业里，我看到几乎所有国际顶级名校来到国内，或联合、或独自，以中国地段为基地做课程设计。绝大多数成果，看似调查数据很多其实浮光掠影，看似时髦图表分析其实套路陈旧，看似国际化视野其实只是在原有小圈子内部话语中打转，这其中，异域色彩题材的“猎奇性”最重要，分析是否有深度、解决是否切中实际问题、是否真得拓宽了专业视野……远在其次。

**3. 偏见的养成**

前几日去诊所看一个小毛病。

通过复杂的预约系统，我被指派到一个位于 Downtown 高层办公楼地下层的诊所。先是在候诊室里等叫号，里面有沙发、饮料、杂志，沙发对面一个电视一直在播 CNN 新闻。我拿了本杂志随便翻着，忽然，一阵熟悉的汉语声把我的视线吸引到屏幕上。

电视里竟然是一群华人在说汉语，场景是 2030 年的北京。一个穿中山装的中年男老师，站在一个装修精美的大讲堂的讲台上，面对台下一群中国学生在上课。他一字一句地说："为什么强大的国家都会走向灭亡？从古希腊、罗马、大不列颠，到美国，因为他们犯了同样的错误。美国政府企图以开支和税收来摆脱经济危机，因此有巨额的开支……"这位教师朗声笑道："我们有很多美国的债务，我们是它的大债主，他们都在为我们干活！"。

镜头缓缓掠过全场一张张大笑的中国学生面庞。与此同时，教师背后的巨大投影屏幕上，一面五星红旗的动画在缓缓飘动，讲堂左侧，是毛的巨幅画像以及几幅革命宣传画，熠熠生辉。

然后，屏幕上显示出一行英文字（前面的中文话都有英文字幕）："公民反对政府浪费"。原来，这是 CNN 滚动播放的"公益"广告。

在我看电视的当口，有一个本地病人先于我起身去诊室。他留在茶几上一本正在看的最新一期《时代（time）》，封面是暗红色的中国新任领导人大头像。这个构图，和早先某一期报道中国国内政治丑闻人物的封面，从色彩、肖像处理到整体构图，几乎一模一样。

我又想起前几日电视里看到的共和党候选人罗姆尼竞选总统的广告。他直视镜头，信誓旦旦地说："我一定要把中国从美国中产手里抢走的就业机会夺回来！"

我回想自己这段时间看《纽约时报》讲中国的文章，常常有种很小道消息的感觉。而中文版上的中文文章，多数事实过分单薄，与此相反的是，观点又过分明显。

……

以我观察，美国老百姓平时从各种渠道接受到的有关中国的信息其实并不算少，当然，这并不保证会让他们多关心一下那个遥远的国家。这些信息，从我上面的一系列描述来看，应该是带有明显倾向性的，这和我们中国老百姓在国内接受到的"美国什么都好、美国就是 perfect"之类的信息，形成了两种相映成趣的偏见养成方式！

简单来说，我们国内的媒体是被国家管理的，因此，对美国的倾向性报道，是可以"自上而下"控制的，于是，你可以通过揣测"上"的意思，以及当下中国民间社会对"上"的态度，就能搞明白信息产生倾向性的原因所在。但美国众多媒体并不听命于政府，而是分头受制于不同利益团体、社团，以及法律控制，那么，假如背景复杂的媒体纷纷采取了一致的倾向性看法，只能说明，在美国民间，即"自下而上"，就存在着对中国的某种"偏见"，比如：这是一个可怕的极权国家，一个不民主酷刑遍地的国家，一个发生着各种可怕事件与国际脱轨生活在另一个星球的国家……

由此可见，在各种信息传播之中，在观点（opinion）与事实（fact）之间，无论中美，都需对"偏见"要保持足够的警惕。

**4. 商品铸就的节日**

昨天是紧接着感恩节后面的星期五，所谓黑色星期五（Black Friday），是商家打折促销的日子。很多折扣从午夜时分开始，一直会持续到礼拜六的晚上或中午，也预示着圣诞购物季的到来。

很多购物人群会从午夜就开始涌向商店，或在紧俏商店门口排一夜队，等一开门就冲进去血拼。有中国留学同学告诉我，他们好几个人要专门开车到别的大城市去采购。

今天早餐时遇见美国室友法律研究生本，他问我昨天有没有出去购物。我说没有，问他感受如何。于是，一连串诸如"疯狂、可怕……"的词一卜子从他嘴里蹦了出来。他去了此地的一个商业步行街区，以及沃尔玛超市，连连感叹，人们无所顾忌地相互推搡，结帐台前排着长队，各种大包小包满满当当，满地垃圾乱扔。然后言之凿凿地告诉我，每年美国在这个时候，会有 50 多名顾客给挤死。

我笑道，在中国，尤其上海，这种人挤人的日子隔三差五就能见到，一点都不惊讶，不过也养成了我碰到热闹就避开的习惯，我只逛了逛网店。

本兴致勃勃地给我说，他今天还要去一个购物中心。"今天应该不会那么疯狂吧？"他一脸憧憬地说。

……

商品真是人类发明出来的一个具有巨大生命力、诱惑力及摧毁力的东西。昨天，我只在网上亚马逊、苹果店、MACYS 逛了逛。没想到，一下子，三四个小时就过去了。临睡前我问自己，购买的东西都需要吗？答案是：超过一半，都没必要买！但我看着那些折扣，就会不由自主地点击下去。

将商品社会的运作和传统节日结合在一起，在美国特别突出，每一个传统节日，都有名目繁多的商品促销进行配套，很多节日里，情感、传统都慢慢被商品符号化了。商品就是这样，吸引着人、改变着人、疯狂着人……由表及里，一步步深入。譬如，中国这几年在大城市里的流行的情人节欢庆（消费）模式，你说这究竟是一个需要情人们纪念的节日，还是需要情人们消费的日子呢？END

## 唐克扬

以自己的角度切入建筑设计和研究，
他的“作品”从展览策划、
博物馆空间设计直至建筑史和文学写作。

# 中国园林问中国园林

撰　文 | 唐克扬

“中国园林”在中国建筑的当代画面里一直是有趣的缀景，最近还大有成为“主流”的趋向。元芳，你怎么看？

最常见的错位：此“中国园林”不是彼“中国园林”。

于是，有了下面这个“中国园林问中国园林”的对答。

**问：**古典正统的“园林”与西方建筑学的对接已经不是一会半会了。你的《从废园到燕园》也讲到了20世纪初北京城市中燕京大学校园的建设，“从……到……”的标题里面好像有种自觉的“现代性”思考。你认为这种思考方式是否也适用于当代城市？

**答：**我一开始写书时并没有刻意思考像“现代性”这样大的问题，更自然的想问题的方式，是每个人都从自己的生活经验开始了解世界，不是一味执信别人讲述的故事。我做的这些研究重温和梳理过去，目的不是证明什么是真正的“中国”，什么是“正确的”和“对的”，我更关心的是古典对于当代人的意义，而这注定只有在活的生命和现象中才能体会。现在我们去北海和颐和园不一定能找到当年的感觉，对当代人而言，园林和它所包含的意义与精神只有成为一个体验的整体才有意义，而单独抽离出某种要素，成为单独的概念，孤立的意境，是不可取的。这种整体的感受方式是中国古典美学的特色之一，对当代人或许也有完足的意义。

**问：**整体也不排除变化，变化之中的整体好像又不是整体了……

**答：**这样的问题本身存在着一种有趣的悖论。人的观感好像总有次序，整体和局部之分，但我们通常所说的“中国园林”富于特色的地方，在于它不一定有确定清晰的认知次序。如果当你说起你“置身于”（这当然是有哲学上和现实中的条件的）一个园子里的时候，你总是“一下子”就感受到它的全体了，不需要在其中有意识地区分出层次来，也超越了现代人先买门票、列队进入，“景点”一、二、三……的体验。

当代人的生活状态与这个整体感受的状态多少有点距离，今天我们多半是以去博物馆的态度看园林的。在过去，园子里的生活不是按天来计算，而是半年，一年，半辈子，一辈子，以这样的心境来看园林会很不一样——我说的哲学上的“整体性”因此其实也不是很虚的东西，它构成我们对于“园林”的流行看法的理想一面，而现实又是另外一面。

悖论在于：“矛盾”才是最完整的。

**问：**这样的体验也是所谓“自我”消融在景致中的过程，这种消融是自我的主体性消失的过程，就是一种自我意识扩大到园子所容纳的世界那么大的过程。

**答：**或者，技术一点说，是“前景”和“背景”的合而为一。在包括摄影、绘画在内的的西方艺术形式中，这种融合是不寻常的，讨论“前景”和“背景”的前提中其实已经包含了一种确定的关系，即观察者与被观察者保持一定距离，是两个截然不同的界定。这种物理层面的空间“距离”，实际上也构成某种认知的结构态势。相对于考察的对象人是客体，被考察的对象亦成为人的客体，两者是互相外在的。

在中国园林中不需要有刻意的“认知”，我们假定学习的过程已经完成，只需要纯然的欣赏和品鉴，与它在一起声息相通。以此为起点来思考园林的表现形式也可以有更深的体会，因为我们真正的“体会”，不必在其“本质”和“深蕴”，我们在意的更多是全体的存在。园林既是内容也是形式。

**问**：再说说“尺度”的问题？

**答**：在中国园林里，尺度是一个比较模糊的概念，但并不意味着它没有意义。我们接受西方建筑教育的时候老师会说，这棵树要画大点，否则便体会不到实际空间的影响力；而园林的感受显然遵从另外的法则，它不求用断然的媒介再现真实世界，不强调固定的外在尺度，而注重想像触发的身心自由，由此而及的空间体验是灵活的。甚至通过这种灵活，达到一种快感的释放。中国人说“神与物游”，是把自己寄寓于某种不确定的媒介，藉此获得肉身获得不了的自由，可以上下沉潜，无所羁绊。如此的“人”在不同的物理对象里投射自身，可以把自己想像成山河大地，也可以出入于芥子须臾。这对于西方人来说不免可能有点奇怪。中国的传统思想的确强调塑造“自我”，称得上是某种意义上的“柔术”与“心法”。

**问**：亦是应对于世界本身的无常和不绝对性。

**答**：这种对于适应性的强调，造成审美的主体对外在环境有更大的感受阈域，园林—景观—环境是融为一体的——中国人对“风景”的感知与园林息息相通，尺度的差异不是太大的问题。我最近写过一篇关于黄山的文章，就谈到徽州的所谓“水口”园林，把整片风水佳境借来作自己花园的大背景。中国园林中不乏有这种“借景”的例子。

**问**：尺度的一极是微缩。现在的恢复、重现、再造园林的各种尝试之中，有一种思考方式是把它缩小，做成微缩园林，或是恢复一景管中窥豹。这些尝试会不会对园林有失公允？

**答**：总的来说，我以为仅仅复制一样东西和细节，或在绝对尺度上的缩小，并没有抓住园林造境中核心性的东西。外物的变化只是一种手段，归根结底是看能否唤起人的体验中寻微探幽的冲动，所需的上下文才是关键。“微缩”只是“眼睛”的游戏，未必是“心”的催动。另一层的关键问题，是说到这样的空间和人的动态关系如何，不是绝对的小，而是经比较，有反差的小，小与大说到底是相对的。

**问**：那么，“曲水流觞”被转置为园林一景就有问题了。

**答**：中国园林的发展历史比一般人假定的要复杂，明清的园林已失唐宋气韵，更早的汉魏园林怕更是出乎今人的想象。现在好像说起园林，多想到苏州园林，只是一种以今论古的刻板印象。其实即使今日的苏州园林也远不是早先的样子，只是原建筑和大格局还在，观览方式和个中情调都不免改变。比如，这些园林中的植栽原先该是很茂密的，大概是“拔蒙密兮见窗，行攲斜兮得路”（庾信《小园赋》）的样子，现在给更多人参观和摄影，当然只能辟宽道路，简化植栽。

**问**：讲讲园林里时间的概念？一种是在四时更替中感知人生的流逝，又有一种方式是四季轮回和日常行为，在其中时间的差别消失了。

**答**：园林的重要乐趣在于它是一个日常生活的场所。西方古典建筑给人的印象像是要万古长存，同时庄重的母题又常是一成不变的。中国文化好像认为没有什么是历久弥新的。

建造园林的过程实际上也没有一个预设不变的图纸，和现代施工的方式截然不同。在设计、施工与使用的过程中，内容与意义的增补是寻常事；住在园中，每天看到的都是破碎的点滴，久而久之，则形成完整的精神气脉——在我们的中学课本里，引用过庄子的一句话叫“吾生也有涯，而知也无涯”，当时以为是励志的警句，没料到后面还有两句，“以有涯随无涯，殆已。”看上去，是说生命有限，面对的知识又是无限的，要我以本来有限的生命去追求无穷极的知识，岂不徒费心力？这是消极的一面，还有一句话，“不为无益之事，何以遣有涯之生”（项廷纪序《忆云词

[illegible]，反带来了变化的自由。

**问**：谈谈把园林呈现在画中的实践？南朝画家宗炳有“闭居理气，拂觞鸣琴，披图幽对，坐穷四荒”，是在观画中游景了。

**答**：画的重要性在于它是把美学意境传达出来的必要手段，不仅仅是手段之一。比如卷轴画这种媒材，它的观览本身带有一种时间性，往复“游心”的意味才能得以成立。这样说来，画是观念自身的一部分，不是截然抽象的存在，园林题材的古典艺术作品有卷轴，版刻，瓷器……每种自有自己的逻辑。

叶圣陶的散文《苏州园林》说，“园林像一幅立体画”，被广泛引用。我却以为难以成立，套用乔钵的话，“画也画得，只不是画”。二维的画无法等同于三维的空间经验，说园林“如画”，只是在画的机制里触发人对空间的感知，画帮助人们建构起一种观看世界的方式，并在艺事之外重温这种方式。

那么园林为何特别能催动“如在画中游”的意兴呢——因为它总是通过差异性来推动新的空间体验，譬如入一门，由一窗而见一松，稍远又有一山。不断被提示的景深暗示了源源而至的“远方”，但只有这些提示还不够有意思，更有意思的，是这些差异性时常在修改自身，通往不确定的观察方式，让人产生一种物理和心理上的幻视——顺势转去一看，远方的那座山又“没有”了。

造园也通常与主人的身世沉浮有关，所以其中往往能读出浮生若梦种种。

**问**：园林和宇宙的关系如何？早在武帝造上林苑时，便彰显了囊括世界的野心。当然后来的文人园林摒弃了此种欲望的表达。或许可以说人和宇宙关系的变化也一直贯穿园林的历史发展。

**答**：确实。上林苑的例子不是中国独有，人总是想通过这样的空间“模型”认识世界，表达自己对天地人关系的认识。但中国园林里比较特殊的一点不在于“大”而在于内求诸心，在于它是内向的表达，不[illegible]求向外的扩张，即所谓粒米中见山河大地，以“小”观“大”。即使是在武帝上林苑的例子里，与其它古代文明相比，中国的统治者们还只是满足于搜罗四方之奇，“移天缩地在君怀”，对远方他似乎难得有持久的兴趣。

**问**：以此确定自己的中心地位。忽有一个奇想：中国人能想像无根的园林吗，一种“空中花园”？

**答**：好像不太可能。这里有近似但不尽然一致的例子：屈原《离骚》里有“朝发轫于苍梧兮，夕余至乎悬圃”，这“悬圃”就是昆仑山上的花园。东西方或许不是没有相似的想法，问题是表达的方式分道扬镳。古巴比伦的空中花园是确有其事，而中国的“空中花园”，海上仙都，都只是存在于想象之中，以小观大，取其意象而已。比如汉代的博山炉，造型里正是融合了人们想像的海上仙山，上面还有树木禽鸟——中国艺术中微缩版的“空中花园”只是太虚幻境，总体来讲，这里还是更看重人间的生活，至少在我们园林史里风行的趣味是这样。

**问**：我们这个时代可以建立些什么样的“中国”？

**答**：所谓“中国性”在西方学术界受到众口一词的非难，他们认为不能有自为的中国性，具体的“中国”总是通过具体的政治和文化诉求和“他者”的眼光而体现。在我们而言，审美上的“中国”必须有自治性和主体性，毕竟不能老依赖于别人的标准来讨论自己，这反映了日益现代化的中国社会的价值观。

这个时代的变局不是东方人自己的选择，它是由对抗、竞争乃至最终的和解愿望所带来的。它决定了我们的出路：不是发掘出一个已经沉睡地下的古代中国的美，而是建立一种更有生命力的中国气度，我们或许并不在乎它是什么不是什么，而是看它是否有打动人的现实能量。在我们自己的个人生活几乎完全西方化的时候，这种中国气度联系着传统的广度和深度，使我们在未来有安身立命的可能。END

李雨桐

女，狮子座，建筑师，留学英国。

关注上海，关注上海的建筑设计以及上海的建筑师。

希望从流行的学术和媒体观点之外发现被隐藏的创新性观点和视角。

# 建筑学的十个陈辞滥调

撰　文 | 李雨桐

修辞是建筑学的鸦片，建筑师们越来越上瘾，在遣词造句中失去建筑学的简单快乐。

**理论**

建筑理论家在建筑学和人的切身世界之间用所谓的理论制造了一个"形而上"的幻象，切断了两者的联系。慢慢地，建筑学对真实的生活不感兴趣了。而建筑师求助抽象条件，理想假设，构建概念，借用逻辑，炮制了建筑学知识生产方式。建筑师认为凭借这样就可以改变世界。但失去和切身世界的相关性，一切仅仅是幻象。

因为建筑学的有些概念，是在现实世界里不真，甚至在大多数可能世界里都有假，然而这些概念却因为构造了某种理想的状况，也有可能被认为在理论上很成功。但实际上这类基于假设的概念在切身世界中根本没有用。结果建筑学的许多问题其实就是概念体系的过分增生而生产出来的。增生的概念常常让建筑学陷入"形而上"的泥沼。其实单就"形而上"而言，"形"的存在毫无必要。就"形"而言，"形而上"无法直接创造"形"，故也非必须。建筑学无法就"形"归纳"形而上"，也无法就"形而上"演绎"形"。建筑学根本在"形而上"和"形"之间力不从心。这种带有明显局限的理性思考可能被局限在全都是无效的思考范围内，反而失去了改变建筑学的机会。

**理性**

建筑学并不完全依赖理性，比如审美或者偏好。建筑学需要理性来建立系统的客观经验和知识体系，并用理性来检验主观经验，但理性不是建筑学的唯一主宰。有时，理性描述主观经验时是苍白的，这也是诡辩术和修辞术发挥作用的时候。

**装饰就是罪恶**

装饰就是罪恶其实是句谎言，逻辑不通。装饰是一种形式结果，形式结果不具有善恶的属性，所以不成立。但当装饰被建筑学祛除后，后果是建筑学的世界呈现一种光溜溜的景象，在这个光溜溜的世界，人也似乎是多余的。

在这个光溜溜的世界里，真实性被反复强调，但真实不等于美。真实有时更是刺痛人的，所以从密斯开始，建筑学喜欢用看上去是真实表达的结构和构造去掩盖不太好看的结构和构造。这种态度比之装饰未免伪善。

**创新**

创新就是发现隐性知识。建筑学的创新可以是各个层面的。但目前高谈阔论提及的创新基本上是集中在形式上的。没有生产技术（建造），生产工具（比如计算机），没有生产材料的创新，没有思想的创新的支持，形式创新不过是时尚，但凡以形式主义创新为主的实验和先锋建筑都算不上真正的实验。形式创新是一场残酷的淘汰赛，历史是判官。绝大多数的形式创新是我们这个消费时代的快消品，即便轰动一时，但很快被淡忘。

**可持续性（自然或绿色）**

工程师所构建的可持续性建筑是不成立的。一个建筑可以看成一个系统，但这个系统存在在更大的系统中，比如街区或者根本就是城市。一个所谓的可持续性建筑系统存在于一个不友善的大系统中，无法独善其身的，它根本不起作用。所谓的可持续性应当是个城市尺度的策略，规划和工程概念。那种将所谓的可持续性技术强行组合在一个单体建筑上的思维本身就是不可持续性的。

那种将树种到立面或者屋顶的设计，其实也算不得尊重自然，这些建筑也算不上绿色建筑。这只是更大尺度的园艺或者盆景而已，是一种伪自然或者伪绿色，尽管看上去也不错，但高昂的维护费和低种植存活率更不生态。

我们要反对的是不生态的生态建筑，不自然的自然主义和不绿色的绿色建筑。我们不反对这些建筑的最后呈现，我们要剥去这些设计说明上的修辞油脂。

**地域主义**

地域主义被认为是一种反抗全球化的姿态。不过很少有人认真探讨地域主义。现代主义建筑作为全球化建筑学的代表，它代表了一种普遍性经验和知识，这种普遍性知识为世界各地所普遍接受。它其实已经悄悄换了好多种马甲，比如国际式，典雅主义，粗野主义，甚至所谓的后现代主义和参数化风潮，它们都是建立在现代主义建筑学所建立的普遍性知识体系上的。地域主义，在大多数情况也是如此，也是现代主义建筑学的一种地方审美的马甲，它不是抵抗，更多是一种谄媚，一种利用对相似性审美图景的厌恶来获得赞赏的手段。

少部分的地域主义，试图探索脱离现代工业的束缚，由于不是一种普遍性知识，只能作为一种参考而存在，甚至被大多数的伪地域主义所掩盖，因为这类身体力行的少数派地域主义最不擅长的就是修辞。

**禅**

我们所谓的禅的风格，不过是日本禅的滥觞而已。日本禅和中国禅同样欣赏质朴和本真但也在审美形式上有着鲜明的差别。基于统治阶级（武士）较低的文化水准上的日本禅，讲究仪式，视生如死。而在统治阶级（文人）较高的文化水平的中国禅，讲究随性所欲，无所牵绊，视死如生。前者被继承下来结合现代主义建筑成为规范的审美图景，后者则失传。所以我们喜欢借用日本禅来表达东方的审美和哲学思考，但[illegible]

**天人合一**

我们基本没有搞清楚天的意义，合一的一是何所指。所以我们就把天看成自然，回归大自然大约就是天人合一，或者随便在那个场所或者空间的描述中词穷的时候，天人合一是最佳结语。

古人其实是这么认为的，人脱离原始人而开始的文明进步，人对原始的天（自然宇宙）的观念认知和改造最后帮助人和天合在那个人所认知的理想和观念化的天上面而成一。

**传统**

我们在各种场合谈的传统大多是一些历史的审美遗存。遗存不是传统，遗存只能说明创造它的传统已死。遗存可以在图书馆、在博物馆、在地下，但不在“当下”人的思想中。鉴于“当下”的中国在制度化层面和社会生活形式已经西化，而“传统”则被看成古代的地方知识。旧体已死，遗存只能被用来维持代表“中国”特色的文化和审美外观。传统活着便能不断创造新的文化形式和审美图景，失去传统的遗存则不能！所以遗存是孤立无援的。任何人都可以对遗存随意消费，模仿，拼贴，转译，提炼，解构等等都行。任何这样的消费都不是继承传统，都是对“当下”的文化和审美外观所提供的满足历史猎奇的化妆，是伪传统。

建筑不应该是纯粹的功能性工具，而是……

但凡用这种句式开头的，后面一句便是各种状况。仿佛前面一句话是不言自明的公理。问题是我们在实际生活中远远没有深入研究我们的 demanding 乃至我们的 needing，事实是建筑从没来没有成为过纯粹的功能性工具。倘若我们对自己的需求都不甚明了，怎么去创造灵魂的居所？

微信上，朋友转给我一个学生作业集，充满了各种说辞，有政治学和理论学术语，有哲学和宗教术语，有文学和电影术语，等等。设计本身其实倒也不错，但这些说辞明显他也一知半解，他对自己的设计看上去没有信心，他要用这些看上去有力的术语作为自己向世人展示的肌肉。他是声嘶力竭，但终究无力。

# 瓜纳华托的甜蜜传说

撰　文｜renay
资料提供｜renay

在从美国去往墨西哥的飞机上，与一位刚新婚不久的墨西哥邻座女生聊天，她得知我去往瓜纳华托 (Guanajuato) 后，很羡慕地对我说，“我也好想去！瓜纳华托可是墨西哥最美的城市！”还好，背负着如此盛名的瓜纳华托确实没有让我失望。

瓜纳华托是墨西哥瓜纳华托州首府。西班牙语中的“Guanajuato”这一地名来自塔拉斯坎语的“Quanaxhuato”或“Kuanasiutu”，意思是“Hill of Frogs”（一块在城外看像青蛙的大岩石）。在当地的宗教里，青蛙代表上帝的智慧。商铺中有各式各样的彩色青蛙工艺品方便游人做纪念，形态很讨喜，如同这座城市。

## 行走在古城的蜿蜒小道

于1559年建立的瓜纳华托，是一座历史悠久的古城，为瓦伦西亚(La Valenciana)银矿区所在区域。参观市中心最好的方式是步行。沿着迷宫般的狭窄街道走，你可以感受到欧洲气息，绿树成荫的广场上可以看到露天咖啡、博物馆、剧院、市场和历史古迹。城市内的建筑是殖民时期的建筑，是以新古典主义风格和巴洛克风格建造的典型建筑。你也能看到到处都可以以鹅卵石铺成，高低起伏不同的街道和时而上坡时而下坡的蜿蜒小路。这些狭窄的道路通常只适合步行通过，要知道，在瓜纳华托驾驶汽车对驾驶者而言是项挑战。

瓜纳华托河经常流至这些区域，因此经常使这个区域发生水灾，特别是在雨季。20世纪中期，工程师们建造了一座大坝来复位河水流向，引流到地底，改善城市因水灾造成的交通不便。当抵达这座城市时，你会发现大部分的交通运输工具通使用这个地下隧道系统通行，有利于减少路上交通和许多历史景点和狭窄街道拥挤的情况。这个通畅无阻的交通地下隧道系统采用鹅卵石铺成，甚至设有人行道供游客行走。事实上，当地公交车也运用了这个地下隧道系统行驶。如果有时间，建议走走这些地下隧道，它的建造方式和这座城市的地铁系统相似。从街道上的石阶可以通往地下隧道，让你要通往历史中心时，这是区别于行走在狭窄巷道之外的另一种体验。

**Tips:**

签证：目前持美国及加拿大有效签证即可入境前往墨西哥，个人认为这是[illegible]方式，因为直飞墨西哥的机票较贵，但是如果你先在美国或加拿大中转玩几天再入境，相对行程安排上更合理。

钱币兑换：请务必带上足够的美金以及银行卡，当地银行、飞机场都有美金兑换墨西哥比索服务。

小费：在餐厅、酒吧、咖啡厅通常会依照总餐费的10%作为服务生的小费，如果服务得相当好，你可以增加至15%。有些餐厅或酒吧已将小费列入账单，因此在结帐时你须注意，如果已经包括在账单，则不需要多付小费。

## 过饱和的城市色彩绽放

在没有俯瞰城市美景前，我一直和同伴说瓜纳华托有点类似鼓浪屿的升级版，不过自从登上城市制高点——皮皮拉山（Mounmento al Pipila）后，我们都感叹这才对得起“全世界最美城市”的美誉。而皮皮拉山也绝对是纵览小城美丽景色的最佳据点。

在城中心有两条通往皮皮拉山的步行石板小路，以及一条缆索铁路，均可攀登到达皮皮拉纪念碑前。不过我建议选择步行，因为登上山顶的沿路风景甚好，不仅可以看到许多颜色浓烈的小屋，还可以欣赏小屋外墙一片片的涂鸦，十分具有艺术气息，仿佛在参观一座城市艺术博物馆。

由于瓜纳华托这座迷人的殖民城市，坐落在风景如画的山谷，所以小镇格局是沿着一条峡谷两面坡自然形成的，谷底是城市的中心。墨西哥纬度较低，属北半球。所以，偏向南方的太阳把峡谷谷底和北面坡上的景色照耀得格外清晰。站在手拿火炬的民族英雄皮皮拉(El pipila)雕像的脚下，最美丽的城市美景尽收眼底。

与我之前看到的那些隐没在绿树丛中的山城景色完全不同，瓜纳华托小镇的色彩各异的建筑布满了谷底和山坡，向左右延伸到无尽的天边，周围环绕瓜纳华托山脉(Sierra de Guanajuato)，在蓝天白云的映衬下，明媚的阳光使你眼前仿佛呈现出一幅宏大壮美、色彩斑斓的巨幅油画，让人心旷神怡。

## 艺术氛围浓烈之地

1953年前，瓜纳华托其实与堂吉诃德并无太大关系，不过在当年的2月，由于当地的一些教师、学生和家庭主妇首次聚集在一起，在广场上演出《堂吉诃德》的作者，西班牙文学家米格尔·塞万提斯·萨维德拉(Miguel de Cervantes Saavedra)的短剧作品以后，每年春季或秋季，这种民间演出成为此地的传统。于是在1972年，由当时的墨西哥总统埃切维利亚建议，正式创立了塞万提斯国际艺术节(Festival Internacional Cervantino)。所以如果在每年10月期间来到瓜纳华托，你可到历史悠久且优雅的华雷兹剧院(Teatro Juárez)、主剧院(Teatro Principal)和塞万提斯剧院(Teatro Cervantes)欣赏演出，这三间主要剧院在艺术节期间有较多戏剧演出，但在非艺术节期间也有少数的戏剧演出，所以你如果在非艺术节的期间到这里来旅游，你也有机会可以欣赏这些结合艺术与文化的戏剧演出。

当然，即使不看演出，你也可以花上半小时去Templo de San Francisco一旁的堂吉诃德博物馆参观一下。这间博物馆绝对出乎你意料，每件展品都与堂吉诃德(Don Quijote)有关，不同风格的艺术家通过不同艺术形式刻画了这位“著名”人物的形象以及他那位笨手笨脚的同伴桑丘·班萨(Sancho Panza)，展品内容极其丰富有趣。

## 浪漫的传说与欢乐的夜色笙歌

瓜纳华托是一座充满传说的城市，且拥有许多传说中的地方可以去参观。接吻巷(Callejón del Beso)是热门的景点之一，这个有点类似罗密欧与朱丽叶的传说发生地，为一条相当狭窄的小巷，行人经过时可能会亲吻到对向的行人，所以被取这个“接吻巷”的名字也相当适合，因为它是全瓜纳华托州最狭窄的巷道之一。这条巷道曾经有许多传说，例如由于男女主人翁最后以悲剧收场，所以情侣不能在这条巷道对面的阳台接吻，不然会带来噩运。但是时至今日，规矩也俨然演变成每对情侣到此，必定要在这条巷道接吻，那么之后将共同过着幸福美满的生活。所以你会看到许多情侣游客排着队在小巷中留下甜蜜的一吻，个人倒觉得这样场景其实也颇为甜蜜有趣。

当然，除了去一些热门景点外，你还可以通过一种古老的游街音乐会(callejoneada)形式来感受瓜纳华托的传说。游街音乐会(callejoneada)在西班牙人抵达莫西格时传入，在瓜纳华托是一个流行于民间的习俗活动，学生们经常群体一起演出，是当地学生热门的活动。它是一种步行小夜曲的演出，一队职业歌手和音乐家身着传统服装，手拿当地乐器，从诸如市中心的广场地带出发，搭配音乐，唱着流行乐曲或地方民谣，沿着铺着鹅卵石的街道和狭窄的巷弄行走，在唱歌间隙，用西班牙语诉说着当地17世纪殖民时期流传的传说以及笑话。身在其中你会发现聚集的人群越来越多，有时你会觉得自己身在一个大型演唱会中，气氛也会越来越高涨，此刻无论你听不听得懂当地语言，都会被欢乐的气氛所感染。

一般游街音乐会在黄昏举行，周末和国定假日的也会演出，一周共演出五次供游客欣赏。游街的路线可能会经过瓜纳华托(Guanajuato)历史中心的大部分区域。最常聚集的地点包括华雷兹剧院(Teatro Juárez)、联合花园(Jardín de la Unión)和中央广场(Plaza Central)。游街音乐会(callejoneada)的队伍常经过瓜纳华托的热门景点，包括伊达尔戈市场(Mercado Hidalgo)和接吻巷(Callejón del Beso)，有时候他们的手上会拿着一瓶葡萄酒或是龙舌兰酒一边喝一边唱。我相信当感受过瓜纳华托夜晚的游街音乐会后，你会更加坚定地认为夜色笙歌，是瓜纳华托的一大特色。

**Tips:**

当地美食：瓜纳华托是一个品尝巴西奥地区(Bajío)美食的理想地点。这些当地美食中，最具特色的包括油炸玉米卷饼(las enchiladas mineras)(为一种将玉米饼塞入肉类、豆类、奶酪并淋上辣椒酱并加入安可辣椒的卷饼)和瓜纳华托烩肉(las pacholas guanajuatenses)(碎牛肉加香料)。

塞万提斯国际艺术节：瓜纳华托是一个文化圣地，为世界知名的塞万提斯国际艺术节(Festival Internacional Cervantino)举办地点，于每年的10月第二周开始举行，为期20天。这个艺术节为墨西哥和拉丁美洲地区重要的艺术盛事之一，展示世界各地的艺术创作，其中以西班牙语地区国家创作的艺术作品为主。

# 山外山：2014年威尼斯建筑双年展中国馆

# MOUNTAINS BEYOND MOUNTAINS

| | |
|---|---|
| 撰　文 | 姜珺 |
| 摄　影 | Andrea Avezzù |
| 资料提供 | 深港城市建筑双城双年展 |

| | |
|---|---|
| 图片提供 | 威尼斯建筑双年展中国馆 |
| 面　积 | 1 500m² |
| 总策展人 | 姜珺 |
| 参展建筑师 | 都市实践建筑设计事务所、多相工作室、OPEN建筑事务所 |
| 视觉设计 | 吐毛球工作室 |
| 研究团队 | 冯士达、戴春、高岩、史洋 |
| 竣工时间 | 2014年6月 |

既然大展主题叫"基本法则"，我们就得回到中国建筑的根本。中国建筑自身没有理论，其根基还在道家，儒家的人伦理念是道家自然理念的衍生，比如过去我们对宅的定义是"阴阳枢纽，人伦轨模"，你可以说前者偏道家，后者偏儒家，但《黄帝宅经》更多还是一部道家经书。"家国天下"的上下文是"格物致知诚意正心"，这里的"物——心"关系也可以在道家中去找答案。儒道的分野在"天下"，前者以人伦论天下，后者以自然论天下，以"生生不息"作为"天地之心"，也就是中国文明的基本法则，我个人是倾向后者的。具体到中国馆现场，"生生不息"体现为以"生长收藏"四象为建筑体系划分的内容层次，而"家国天下"体现为以累进的空间尺度形成的差序格局；再具体到陈列方面，我们用"藏显通变"的园林手法来处理现场的展品和器物，即以现代元素之形构建古典空间之意。中国文明先有周易图而后有山水画，我们用"图"布局取象，用"画"造景取意。

山外山有不同的概念，简单的一个概念就是对空间的"分形"改造。第一步，是把中国馆的现场（军械库和油库）建造成宅和院的二层法关系，即宅中有院、院中有宅的关系，这是道家的辩证意识；第二步，要打破"建筑就是单体建筑"的观念，中国传统建筑其实大都是建筑群，大都是"宅中有院"的状态，而宅院的衍生复制则像是新陈代谢；第三步，我们并不是要在中国馆内简单地复制宅院建筑或社区，而是通过一种螺旋的差序格局，将它和"中国馆"的"国家"和"威尼斯双年展"的"天下"结合起来，"差序格局"是费孝通先生的提法，刚才我也用到了西方人容易理解的"分形"理论。所以从中国馆的室内到室外，也是从微观到宏观的同构类推的过程，从一件器物、家具，到室内、建筑、社区、城市、国家，最后是整个世界，是天下。

三层概念都会在国家馆里体现，从宅和院，到宅院，到多重宅院，再到分形的多重宅院，这是给三个建筑事务所制定的大规则，然后再在三家之间作分工来做具体的设计。在现场，没有一件具体细节是你熟悉的，但行走其中又会觉得似曾相识；空间中从小到大而同构异形的尺度关系，使你感觉每一重山后都有一个更大的山，比如小尺度的家具和大体量的建筑，内半山和外半山之间的遥相呼应，所谓"在天为象，在地为形"，在中国馆中具体则体现为"在远为粗，在近为精"，观众会在这种远近、大小的相互关照中感受"长短相形"。你能想象到的每一个尺度它都有。这件作品本身是一个完整的、集体创作的作品。

这个现场最大的尺度就是整个空间规划，你能看得到。看不到也没关系，比如小朋友有时候只看眼前的东西。我们也有一些小的、三维打印的模型，还有一些小的卡片；或者他再长大一点，他发现家具可移动，这个地板可移动，抽出来就变成一把椅子了；然后这个墙可以穿，绷带一拨，就可以穿；室内的家具也可以动等等。这个空间实际上是从器物，到家具，到建筑、城市，一个体系变化的过程。我不能说哪个是最主要的过程，它们是相辅相成的。END

| 1 | 2 4 / 3 / 5 6 |
|---|---|

1 位于军械库的中国馆

2-4 展馆外景

5 搭建所用的材料是彩乐板，它是将纸、铝、塑复合而成的回收材料

6 构想图

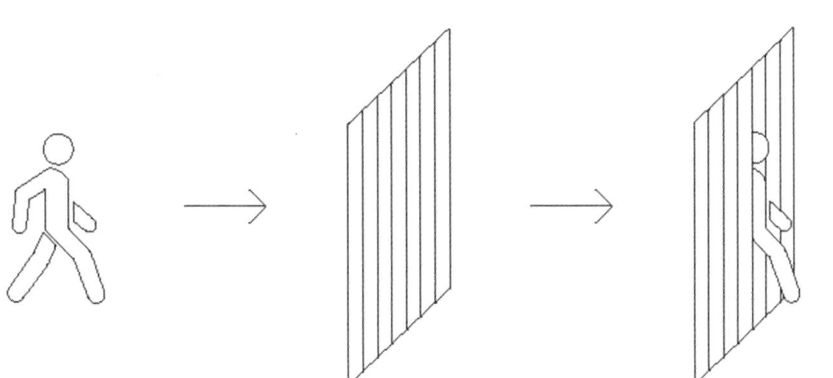

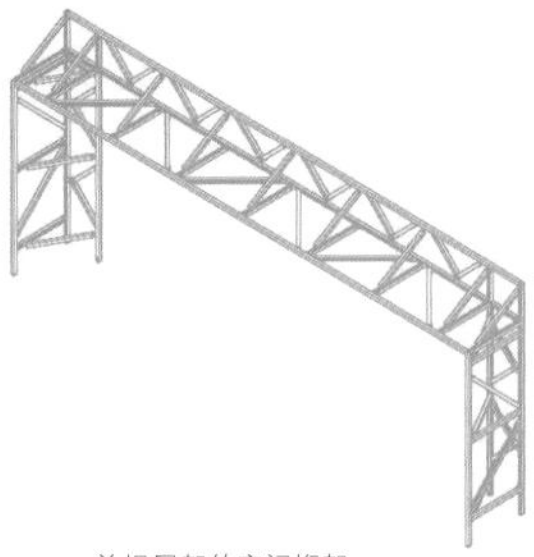

单榀屋架的空间桁架

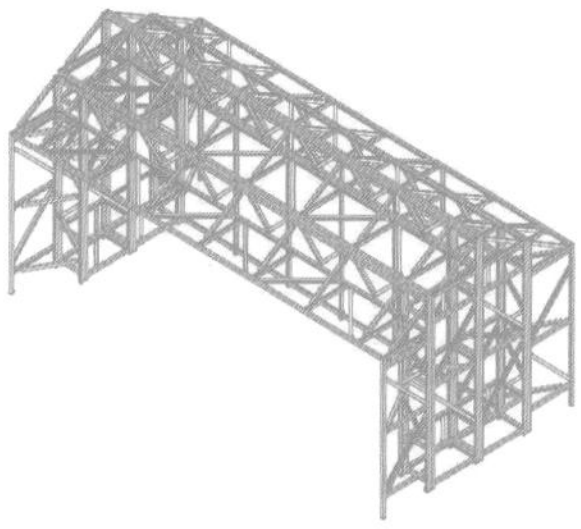

井置多榀屋架形成空间

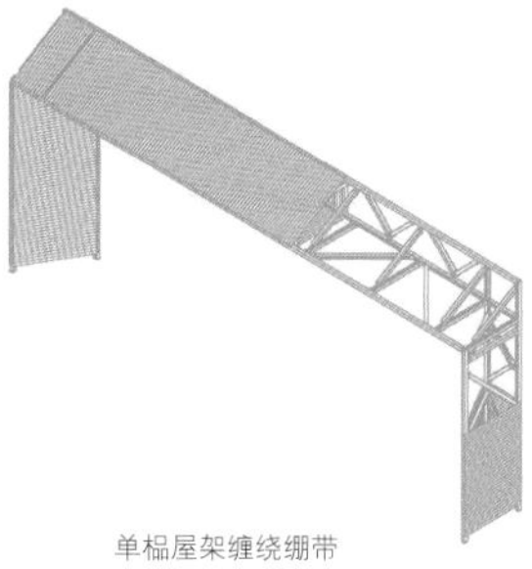

单榀屋架缠绕绷带

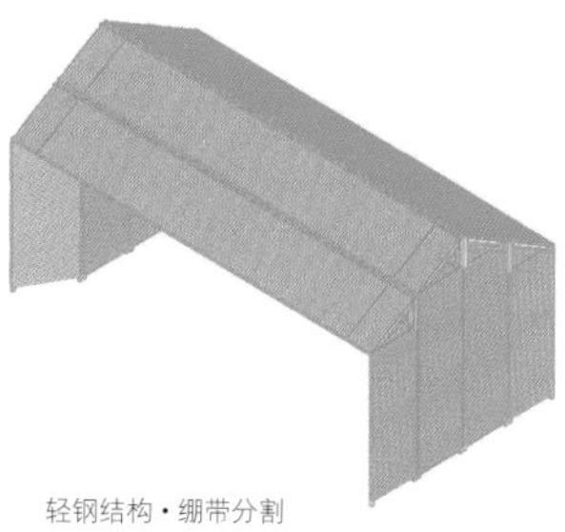

轻钢结构·绷带分割

1 2
3 4
5

1-4 内景图
5 轴测图

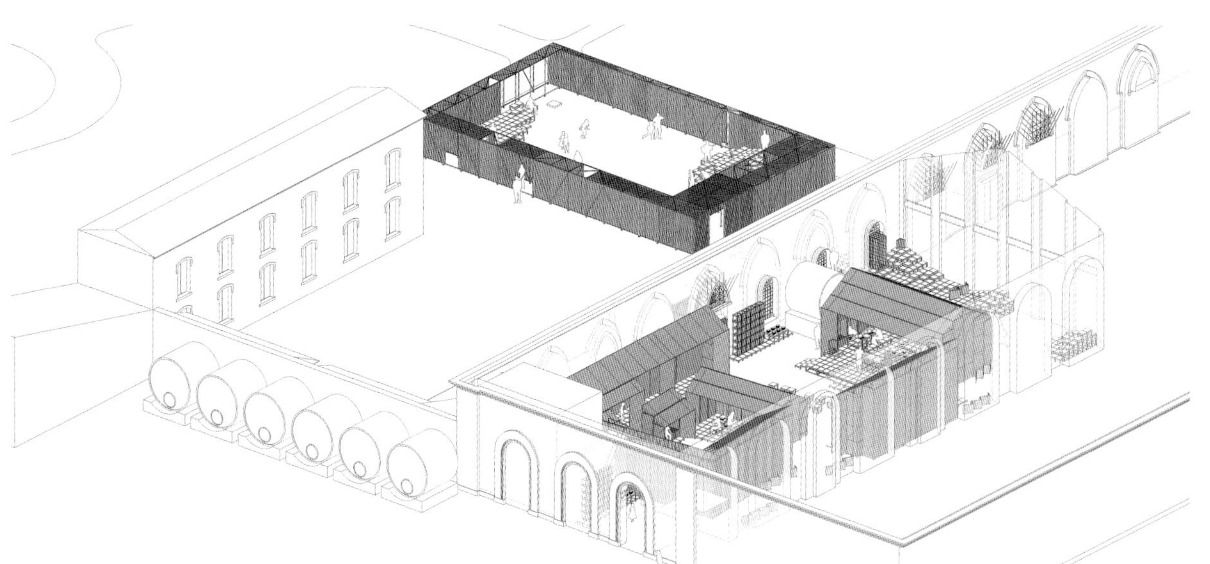

# 纽约 ADC 展亮相深圳

撰　文 ｜ 华・美术馆
图片提供 ｜ 华・美术馆

2014 年 8 月 1 日，全球设计界权威之一的纽约艺术指导俱乐部（New York Art Directors Club）旗下两大标杆性设计赛事，再度亮相深圳，呈现其最新赛果以及全球顶尖创意，除了尚未在中国展出的第 92 届年赛暨 11 届青年先锋赛获奖作品之外，今年 4 月最新评选公布的 93 届年赛全体获奖作品，也将首次与中国观众见面。

1920 年 Louis Pedlar 创立纽约 ADC 伊始，便一直坚持将实用广告领域与纯艺术建立于同一高标准之上的宗旨。而如今，ADC 已经面向所有设计领域开放，并将焦点更多地汇聚在艺术与工艺之上。从 2013 年开始，赛事名称从 Art Directors Club Annual Awards（艺术指导俱乐部年赛奖）正式更名为 Annual Awards of Art+Craft in Advertising and Design（广告与设计领域艺术工艺年赛奖）。

2014 年，ADC 执行总监 Ignacio Oreamuno 再度强调了工艺在设计行业中的重要性："创意已不再能够吸引消费者，他们知道这是陷阱。但是如果我们可以设计出一个精美的包装、一个着实美好的网页体验，我们将能再次吸引消费者的注意力。但是想要获取创造这些美好事物的能力，我们需要回归视觉的根源。我们的确花费 8 个小时方才选择出合适的字体，耗费 50 次的剪辑才能获得合适的电影场景，需要试镜 3 次之久才能选出合适的演员，这就相当于说，工艺可以解答我们在行业内的所有问题。"

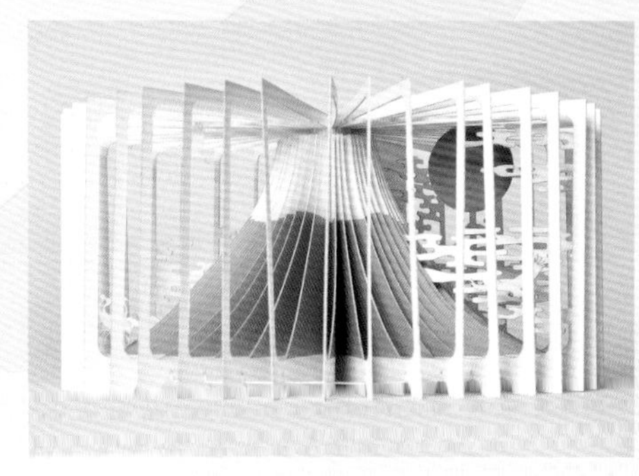

此次展览将从三个部分向观众呈现最新鲜和最精彩的设计创作，1. 第 92 届纽约 ADC 年度大赛获奖作品展示，2. 第 93 届纽约 ADC 年度大赛获奖作品展示，3. 第 11 届青年先锋年赛获奖作品展。展出的近 300 件获奖作品涵盖交互媒体、广播和印刷广告、平面设计、插画、摄影、书籍装帧及包装设计等几大类别。配合展览中大部分的视频广告及交互媒体作品，本次展览还特别设计了剧场式展览空间，模拟剧场的环境，为观众们营造聚焦作品的观展氛围，在"ADC 剧场"中感受艺术与工艺擦出的火花。

华・美术馆

开馆时间：10：00~17：30（逢周一闭馆，节假日照常开放）

地址：深圳市南山区华侨城深南大道 9009-1 号 END

# “家”=“house+home”

撰　文 | 夏至
图片提供 | 中国工业设计博物馆

由上海国际工业设计中心旗下的中国工业设计博物馆、上海国际创新材料馆、Materia BV、上海阮仪三城市遗产保护基金会等共同举办的“HOME+HOUSE”2014上海展近日在中国工业设计博物馆展出，中国工业设计博物馆和上海国际创新材料馆联手颠覆以往设计展概念，选择科技环保、人文、建筑穿插在家的主题中，以此构建创新的设计展，藉以推动本土设计走向国际。

任何未被仔细体察的事物，总是显得平谈无奇。认真审视“家”字来源，头上有屋瓦，地上养着猪（豕）的场景，令我们忍俊不禁。不过它告诉我们，先人非凡的造字能力：“house”和“home”构成家。

从公元前几世纪到现在，中国经历无从辨认其全貌的过程。事实上，“家”意味千差万别的气候、习俗、方言、生活方式。因此，对它的有效讨论必须涉及确切的时间与地点。策展团队（朱锷、葛斐尔）限定1970年代的上海里弄，重新审视国人以家为基础的生活方式，却是从设计、人文、科学、环保的角度提出深思的问题。40年里，随着环境扭转，家的营造与人的经验发生变化，其背后有难以察觉的生活智慧，一口生煎包，一口掼奶油的“固执”。

此次展览强调的“house”和“home”背后包含个人关系、社会经济机制与生活模式等多重深意。策展人将以四单元“亚热带季风气候”、“营造法式”、“数据与舒适性”、“人的使用经验”贯穿于展览。展出怀旧器物、当代设计潮牌、环保创新材料、科技互动装置等60余件。联动材料商、制造商、设计师、博物馆、基金会等领域。END

## 中国建筑工业出版社官方微信正式运行

中国建筑工业出版社官方微信正式运行

中国建筑工业出版社官方微信于2014年5月30日正式上线运行，该微信平台主要有图书信息发布、实时销售、互动交流、出版社介绍等功能，方便读者及时掌握建工社新书、重点书的出版上市情况、图书内容及方便读者与出版社的沟通。

中国建筑工业出版社微信号：jiangongshe。

## Christofle 昆庭夏日新品发布

盛行于欧美的早午餐及夏日鸡尾酒派对正渐渐成为中国大都市最为休闲时尚的生活方式之一。7月8日，法国180多年历史的顶级银器品牌Christofle昆庭在浦东四季酒店露台发布三大“夏日派对”主题系列新品：由法国当代顶尖设计师Jean-Marie Massaud设计，专为早午餐及奢华休闲聚餐定制的“SILVER TIME”系列，呈现最为欢愉而摩登的早午餐盛宴；由著名设计师Eugeni Quitllet设计的“L'Ame de Christofle”系列，以摩登简约又富有质感的设计彰显高雅品味；设计灵感来源于航海的OH de Christofle系列由Christofle设计工作室创作，不锈钢材质的鸡尾酒器简约时尚，为盛夏带来一丝清凉。

## 第八届大师选助手启动仪式暨发布会盛大召开

2014年5月29日，第八届“大师选助手”启动仪式暨新闻发布会在上海颐丰花园（陈香梅女士故居）隆重举行。来自各大室内、建筑事务所的120多位杰出设计师、重量级嘉宾以及主办方共同见证了这一历史时刻。“大师选助手”设计新锐选拔赛活动创办于2007年，旨在关注年轻设计师的成长，搭建设计大师与新锐设计师的交流平台，不断推动室内设计行业的发展。本届“大师选助手”设计新锐选拔赛由美国室内设计中文网、西门子家电、《INTERIOR DESIGN CHINA》杂志联合策划，德国艾仕壁纸特别支持。“大师选助手”的报名、初赛和复赛环节均通过美国室内设计中文网进行，入围50强选手与10位设计大师于8月齐聚海南三亚参加决赛，获胜选手将获得进入大师公司工作和实习的机会。与以往不同的是，在本届“大师选助手”活动期间参赛设计师们将走进设计事务所，与各个地区的各位梦想导师进行文化交流巡展，梦想导师均具有国际化语境和视野，对全球设计思潮有独特的研究和探讨，让参赛者可以与一流的设计团队互动交流，获取更多实战经验。

## 摩登上海设计派圆满落幕

由China-designer.com中国建筑与室内设计师网首创发起，简一大理石瓷砖冠名，设计师献艺，200位地产高管，800位设计行业人士参加的“摩登上海设计派”于2014年6月6日在上海世博创意秀场圆满落幕。上海市黄浦区商务委员会主任张杰、上海设计之都促进中心副秘书长何炯等多位领导、嘉宾纷纷来到现场，给予此次活动充分肯定和赞许。摩登上海设计派是充满创新精神的Design Pie。我们分享了“摩登人物”，将一位位业界翘楚的个性展现给大家；我们领略了“摩登建筑”，放眼各栋华彩建筑，欣赏其中概念迥异的室内设计。而到场的每一位嘉宾，也都充分感受到了台上的设计师们在“第一专业”上投入的心血。这也是一次摩登的公益慈善帮扶行动。

## 上海时尚家居展发布2014年度主题“最好的时光”

2014年9月18至20日，第八届中国（上海）国际时尚家居用品展览会（Interior Lifestyle China）将在上海新国际博览中心拉开序幕，大会主办方7月11日正式发布2014展会年度主题——“最好的时光”。上海时尚家居展由法兰克福展览（上海）有限公司主办，本届展会预计迎来约350家参展企业及23000位海内外观众参与。法兰克福展览（香港）有限公司高级总经理温婷女士阐释年度主题的构思：“无论从经济发展情况或消费者视角来看，当代正是中国发展的黄金时期，而我们‘最好的时光’主题也恰好反映了人们对于家居生活产业关注度的不断提升。相较产品本身，我们越来越多地看到了对于设计及用户体验的重视。今年展会上，观众们将从现场展示的诸多‘最佳产品’中充分感受到‘最好的时光’。”

## ARDA by GIUGIARO 全新限量厨具：超跑厨电新纪元

2014年5月28日，Arda厨电Giugiaro系列新品发布会——“雅达·此刻，超跑厨电新纪元”在上海新国际博览中心启幕。Giugiaro从高端超级跑车中提炼出流畅、灵巧而优雅的设计精髓，将高科技的超跑元素应用于Arda厨电设计，带来极具创新价值的新一代厨房电器Arda by Giugiaro限量版系列。Arda by Giugiaro限量版系列含有灶具、油烟机、烤箱、红酒柜和洗碗机。无论外形，还是功能，这些顶级限量版产品都是对经典超跑设计的一次礼敬。2014年秋季，Arda by Giugiaro全新限量版厨房电器将在中国各旗舰店中登场，而此次与Giugiaro的合作，仅是Arda跨界创意之旅的其中一站，未来的一系列跨界设计还将带来更多惊喜。

## 金晶杯·2014首届玻璃建筑设计大赛正式启动

由上海市建筑学会主办，金晶（集团）有限公司协办的“金晶杯·2014首届玻璃建筑设计大赛”于2014年7月4日启动。本次大赛以“璀璨世界 绿色创新”为主题，采取自由报名、公开竞赛的方式，在全国范围内面向设计师及在校学生征集玻璃建筑设计作品。本次大赛从7月4日启动、10月8日作品征集截止、10月14日互动评审截止、10月16日专家评审后向社会公布评审结果。本次大赛包括概念项目竞赛组和实际项目竞赛组，共计产生获奖者5名，奖励包括奖金、证书和奖杯，其中特等奖1名。

## 捷尚居“浪漫LOFT”家居体验店开幕

6月6日，捷尚居（Homes-Up）上海泰康路体验店开幕，超过400m$^2$的体验店展示了6000多件产品，包括家用纺织品、餐桌用品、家居装饰品、个人配饰、文具等。该店名称为L'Atelier by Homes-Up，意思是“捷尚居工作室”，力求超越简单售卖家居品的商店，搭建一个生活趣玩之地。据介绍，品牌将以“快时尚”模式，加速全国开店的速度。同期，其两大夏季新品登场：热烈神秘的热带丛林系列和轻快明亮的粉彩伊甸园系列。据介绍，捷尚居是来自法国的灵感，创立于中国的品牌，隶属于全球排名第三的自助装修企业法国安达屋集团。

## 上海家具展20年绽放 设计能量引爆申城

“第二十届中国国际家具生产设备及原辅材料展览会（FMC China 2014）”将于2014年9月10~13日在上海世博展览馆（SWEECC）拉开帷幕，同期同场举办“中国国际家具配件及材料精品展览会（FMC Premium 2014）”。本届展会总面积达59 000m$^2$，预计将吸引850家海内外展商参展。各专区销售已进入最后冲刺阶段。1号馆木工机械、数控设备、板式机械各专区展商数均已超过去年同期。2号馆软体机械专区、中国国际胶粘剂专区，中国国际家具/家装涂料及涂装设备专区，中国国际办公家具配件和气弹簧专区，常年支持展商华剑、源田、三棵树涂料、友邦涂料、山东朗法博、中泰、莱特等行业领军企业早早确认参展。3号馆中国国际家具五金专区、中国国际木业及家具表面装饰专区、中国国际软体家具面料及配件专区继续保持良好销售势头，吸引恒发五金、图特、坚利五金、华立、正大天地、兄奕、田野、东亚、美信、圣诺盟、爱德福、爱美森等知名品牌倾力加盟。优秀企业和品牌的参与，搭建了一个更加专业化、品牌化、精细化的家具原辅材料采购平台。

lǐ hòu ā

# “哩好啊！”

你好！厦门。

# CIID年会—2014厦门“南旺”

## 中国建筑学会室内设计分会第二十四届（厦门）年会

## 年会报名正式启动

年会报名截止日期：8月30日

具体报名详情敬请关注CIID年会通知。

**报名咨询热线：010 88356044**　更多活动详情，敬请关注：www.ciid.com.cn

西岸
WEST
BUND
ART & DESIGN
艺术与设计博览会
2014.9.25-29